KURT LEONHARDT / PAPIERSTOFFGARNE

VERÖFFENTLICHUNGEN AUF DEM GEBIETE DER FASERSTOFF-FORSCHUNG UND TEXTILTECHNIK

NR. 3

HERAUSGEGEBEN
VON DEN INSTITUTEN FÜR FASERSTOFF-FORSCHUNG
UND FÜR TECHNOLOGIE DER FASERN
DER DEUTSCHEN AKADEMIE DER WISSENSCHAFTEN
ZU BERLIN

HERAUSGEBER
PROF. DR. ERICH CORRENS UND PROF. DR.-ING. WALTER FRENZEL

1954

AKADEMIE-VERLAG · BERLIN

PAPIERSTOFFGARNE

ZELLULONGARNE

NACH DEM NASS-SPINNVERFAHREN TÜRK-ISSENMANN

VON

ING. KURT LEONHARDT, DRESDEN

1954

AKADEMIE-VERLAG · BERLIN

Erschienen im Akademie-Verlag GmbH., Berlin W 8, Mohrenstraße 39
Lizenz-Nr. 202 · 100/3/54
Satz, Druck und Bindung: VEB Druckerei der Werktätigen, Halle (Saale), Kl. Berlin 1a
Bestell- und Verlagsnummer: 2049/3
· Preis: 14.50 DM
Printed in Germany

VORWORT DES HERAUSGEBERS

Das hier vorgelegte Material über das TÜRK-ISSENMANN-Verfahren zur Herstellung von Zellulongarnen entstammt Unterlagen, die der Verfasser, Herr Ing. KURT LEONHARDT, Dresden, im Auftrage der Staatlichen Planungskommission vornehmlich auf Grund persönlicher praktischer Fabrikationserfahrungen zusammengestellt hat.

Da gegenwärtig eine umfassendere Orientierung über das auch heute interessierende Naßspinnverfahren von TÜRK und ISSENMANN nur durch zeitraubendes Zurückgreifen auf ältere und teilweise schwer zu beschaffende Zeitschriftenaufsätze möglich ist, erschien es angezeigt, dieses Material der Öffentlichkeit zugänglich zu machen.

Für die Bereitwilligkeit, mit der die Staatliche Planungskommission der Deutschen Demokratischen Republik diesem Wunsch entgegenkam, sei ihr auch an dieser Stelle bestens gedankt.

Ich hoffe, daß durch die Herausgabe des Materials, bei der mich Herr Dr. SIEGFRIED WOLF, Dresden, unterstützte, recht vielfältige Anregungen vermittelt werden.

Walter Frenzel

VORWORT DES VERFASSERS

Das Naßspinnverfahren nach TÜRK und ISSENMANN gestattet die Herstellung besonders hochwertiger Papierstoffgarne. Einst — gegen Ende des ersten Weltkrieges — von großen und teilweise übertriebenen Erwartungen getragen, geriet es infolge ungünstiger Umstände später fast, wenn auch nicht ganz, in Vergessenheit. Alle diese wechselvollen Geschicke in wechselvollen Zeiten nahmen dem Naßspinnverfahren jedoch nicht seine prinzipielle technische Bedeutung. Auch heute noch gehört es zu den vorwärtsweisenden und entwicklungsfähigen Verfahren, und auch in der Zukunft wird es sich bei entsprechender Rohstofflage behaupten können, wenn es geschickt, den Bedürfnissen angepaßt und unter Berücksichtigung der bisherigen Erfahrungen angewandt wird.

Ein Fachbuch, das auf die Erfahrungen mit dem TÜRK-ISSENMANN-Verfahren näher eingeht, gibt es noch nicht. Die vorliegende Darstellung will diese Lücke zu schließen versuchen. Zur Einführung wird zunächst auf die Unterschiede zwischen den üblichen und den naßgesponnenen Papiergarnen aufmerksam gemacht und ein kurzer Blick auf

Entwicklung und Lage der Papiergarnindustrie geworfen. Der Hauptteil schildert dann eingehend den Herstellungsgang von Papiergarnen nach TÜRK und ISSENMANN und beschreibt als Beispiel die Einrichtung einer modernen Anlage zur Erzeugung von Papierstoffgarnen. Hierauf folgen Hinweise auf die Leistung der benötigten Maschinen, die Zahl der Arbeitskräfte, die Produktionskosten. Eine Auswahl aus der Patent- und Fachliteratur bildet den Abschluß. Eine Reihe der Literaturangaben soll die Wege zu Randproblemen ebnen, die hier nur angeschnitten, nicht aber abschließend behandelt werden konnten.

Das gesamte Buch ist aus der Praxis gewachsen und will der Praxis dienen; es richtet sich besonders auch an unseren jungen Nachwuchs an Fachkräften. Neben jahrelanger Tätigkeit als Betriebsleiter und Direktor von Werken, die der Holzschleiferei, der Papier- und Zellulosefabrikation dienten, wurde zu meiner praktischen Erfahrung mit dem TÜRK-ISSENMANN-Verfahren im ersten Weltkrieg und kurz danach der Grund gelegt. Als Direktor der Zellulonfabrik Augsburg hatte ich Gelegenheit, auch die Erfahrungen anderer Zellulonwerke kennenzulernen und im gegenseitigen Austausch der Ergebnisse im Hinblick auf eine Verbesserung der Arbeitsweise auswerten zu können. Mit der Maschinenfabrik J. M. Voith, Heidenheim a. Br., welche die Vorgarnmaschinen baute, war ich durch frühere Tätigkeit verbunden. In der vorliegenden Darstellung habe ich mich bemüht, die vor Jahrzehnten gewonnenen Ansichten und Einblicke noch einmal zu überprüfen und unter Rücksicht auf weitere Entwicklungsmöglichkeiten in Gegenwart und Zukunft entsprechend auszugestalten. Da die Urteile über die Wirtschaftlichkeit des Naßspinnverfahrens und seiner verschiedenen Arbeitsweisen notwendig verschieden sind, tragen auch meine Ausführungen in dieser Hinsicht einen persönlichen Charakter.

Für seine Bemühungen um Zustandekommen und Drucklegung des Manuskriptes schulde ich Herrn Professor Dr.-Ing. WALTER FRENZEL, Mitglied der Deutschen Akademie der Wissenschaften zu Berlin und der Sächsischen Akademie der Wissenschaften zu Leipzig, Leiter des Institutes für Textiltechnik der Technischen Hochschule Dresden und des Institutes für Technologie der Fasern, Copitz und Dresden, ganz besonderen Dank. Meinen Dank sage ich auch Herrn Dr. SIEGFRIED WOLF, Dresden, für seine Mithilfe bei einer Reihe sachlicher und formaler Fragen.

Dresden, im Januar 1954

Kurt Leonhardt

INHALT

I. Einführung
A. Papierstoffgarne 9
B. Zur Entwicklung und Lage der Papiergarn-Herstellung . . 10

II. Die Herstellung von Papierstoffgarnen im TÜRK-ISSENMANN-Naßspinnverfahren
C. Zellstoff-Auswahl 17
D. Stoff-Vorbereitung 18
E. Holländerarbeit 21
F. Bütten, Stoffregulierung, Sand- und Knotenfang 25
G. Zur Streifenbildung und Entwässerung auf der Vorgarnmaschine 27
H. Bau und Arbeitsweise der Vorgarnmaschinen und die Verbindung mit Falz- oder Nitschelarbeit 29
1. Allgemeines über Bau und Arbeitsweise der Vorgarnmaschinen 29
2. Die ISSENMANN-Vorgarnmaschine und das Falzen feuchter Bänder 31
a) Bandbildung 31
b) Falzen und Kreuzspulen 40
3. Die TÜRK-Vorgarnmaschinen und das Nitscheln feuchter Bänder 43
a) TÜRK-Vorgarnmaschine mit großem Trockenzylinder 45
b) TÜRK-Vorgarnmaschine mit verlängertem Obertuch 48
4. Zur vergleichenden Bewertung der Arbeitsweisen . . . 49
I. Das Nitscheln und Verspinnen auf der Spinnmaschine . . . 53
K. Einrichtung einer modernen Anlage zur Herstellung von Papierstoffgarnen 58

III. Anhang: Betriebswirtschaftliche Unterlagen
Leistung einer Streifenentwässerungsmaschine 63
Leistungen der Spinnerei 64
Ausschuß und Faserverluste 66
Bedarf an Arbeitskräften und Energie 68
Kalkulation einer Erzeugung verschiedener Garn-Nummern 69
Nm 0,75 und 1,5 70
Nm 3 und 6 72
Nm 9 und 12 75
Kalkulation der Bindfaden-Erzeugung 77

Patent-Verzeichnis 79
Literatur 88
Verzeichnis der Abbildungen und Tafeln 91
Verzeichnis der Tabellen und Aufstellungen im Text 92
Sachregister 93

I. Einführung

A. PAPIERSTOFFGARNE

Bei der Herstellung von Papiergarnen geht man meist so vor, daß man fertige Papierbahnen in Streifen schneidet, den angefeuchteten Streifen Drall erteilt und so zu fadenförmigen Gebilden gelangt. Man verwendet also fertiges Papier (Spinnpapier) zur Gewinnung der Papiergarne. Als Spinnpapiere sind Sulfatpapiere (Natronpapiere), Mischpapiere aus Sulfat- und Sulfitzellstoff und - unter besonderen Voraussetzungen - auch Sulfitpapiere geeignet. Als Zusätze kommen Strohstoff u. ä. in Frage.

Ein Vorzug dieser Arbeitsweise, der hauptsächlich zu ihrer überwiegenden Verbreitung beigetragen hat, besteht darin, daß sich Spinnpapier auf den üblichen Langsiebmaschinen herstellen und ohne besondere Schwierigkeiten lagern und versenden läßt. Das Spinnen (Drellieren) der Papierstreifen kann so mit Vorteil auch in besonderen, von der Erzeugungsstätte des Spinnpapiers getrennten Spinnereien erfolgen. Ein wesentlicher Nachteil derartiger Papiergarne zeigt sich in ihrer vergleichsweise geringen Reißfestigkeit.

Bedeutend höhere Festigkeitswerte lassen sich erzielen, wenn man bei der Herstellung von Garnen nicht den Umweg über das fertige, geschnittene Papier einschlägt, sondern von der möglichst unverkürzten und in ihrer Spinneignung möglichst unbeeinträchtigten Faser bzw. vom Papierstoff ausgeht. Unter diesen Arbeitsweisen dürfte dem hauptsächlich nach den Grundgedanken von G. Türk und C. Issenmann entwickelten Naßspinnverfahren die größte technische Reife und Bedeutung zuzusprechen sein. Trotz des Interesses, das dieses Naßspinnverfahren zur Herstellung von Papierstoffgarnen beanspruchen darf, ist es in seinen Einzelheiten wenig bekannt geblieben.

Bei der Herstellung von „Zellulongarnen" nach Türk und Issenmann bereitet man zunächst aus Zellstoff, den Anfangsphasen der Papierbereitung entsprechend, eine wäßrige Aufschwemmung und läßt auf einer Rundsieb-Einrichtung Stoffstreifen in gewünschter Breite entstehen. Die nassen Streifen werden dann, ohne daß sich trockenes Papier bildet, bis zu einem optimalen Feuchtigkeitsgehalt entwässert, vorbereitet und versponnen. Es ist nur natürlich, daß man hier Nachdruck auf die Verarbeitung langfasriger, fester, verhältnismäßig schmiegsamer Zellstoffe (besonders Sulfat- bzw. Natronzellstoffe) und deren schonende Behandlung legen wird.

Als Nachteil eines solchen Verfahrens kann sich auswirken, daß die feuchten Streifen nur beschränkt lagerfähig sind und am besten am Ort der Streifenherstellung versponnen werden. Die gegenüber den Langsiebmaschinen vergleichsweise langsame Arbeit der Rundsiebe läßt sich durch Aufstellen mehrerer Rundsiebmaschinen wettmachen. Der wesentliche Vorzug besteht in der besseren Qualität der erhaltenen Garne. Gerade hierin liegt auch die Bedeutung des Naßspinnverfahrens für Gegenwart und Zukunft.

Als die hauptsächlichsten Arbeitsgänge einer Papierstoffgarn-Herstellung nach TÜRK und ISSENMANN können angesehen werden:

1. Stoff-Vorbereitung (z. B. durch Kollern),
2. Holländerarbeit,
3. Reinigung der Stoff-Aufschwemmung (Sand- und Knotenfang),
4. Streifenbildung auf dem Rundsieb mit teilweiser Entwässerung, Vortrocknung usw. (Vorgarnmaschine),
5. Falzen oder Nitscheln und Spinnen.

Mehrere Ausführungsweisen sind in technischem Ausmaß erprobt. So kann man die feuchten Streifen falzen (System ISSENMANN)[1] oder sofort nach Abnahme von einem großen, beheizten Zylinder oder einem verlängerten Obertuch nitscheln (System TÜRK). Man kann die feuchten Streifen auch vor- und nach weiterer Trocknung feinspinnen. Nach meinen Erfahrungen wird das Nitscheln am besten in unmittelbarer Verbindung mit dem Spinnen auf der Spinnmaschine selbst vorgenommen (System ISSENMANN mit Nitschelverfahren LEONHARDT).

Nach einem kurzen Blick auf Entwicklung und Lage der Papiergarn-Industrie wird in den anschließenden Kapiteln näher auf die Einzelzüge der Papierstoffgarn-Herstellung im Naßverfahren eingegangen werden, wobei die aus der Praxis gewonnenen Einsichten in den Vordergrund gerückt werden sollen.

B. ZUR ENTWICKLUNG UND LAGE DER PAPIERGARN-HERSTELLUNG

Es mag verwunderlich erscheinen, daß die Papierstoffgarn-Herstellung nach TÜRK und ISSENMANN in ihren Einzelzügen und Entwicklungszweigen so wenig bekannt bleiben konnte, daß sich heute nur ein verhältnismäßig enger Kreis von Fachleuten ein wohlbegründetes Urteil über die hier bestehenden Möglichkeiten erlauben darf. Hier hat wesentlich mitgesprochen, daß diese Arbeitsweise erst gegen Ende des ersten Weltkrieges zu technischer Reife gelangte, unter den veränderten Verhältnissen der Nachkriegszeit aber fast in Vergessenheit geriet, da es an Interesse und Weitblick mangelte, den gewonnenen Erfahrungsbestand sofort weiter zu entwickeln, Mängel zu beseitigen und Produkte auf den Markt zu bringen, die den neuen Ansprüchen gerecht wurden.

---

[1] Hier und im folgenden werden die hauptsächlichsten der verschiedenen Arbeitsweisen nach der jeweils verwendeten Vorgarnmaschine (Näheres hierzu S. 29ff.) gekennzeichnet.

Die Ansätze zur technischen Herstellung von Papiergarn reichen ins vergangene Jahrhundert zurück.[2] Während man bis etwa 1907 eifrig den Gedanken verfolgte, die Streifenbildung beim Entstehen der Papierbahn auf der Maschine bzw. vor dem schließlichen Trocknen vorzunehmen, gewann später die Garnherstellung aus Streifen fertigen Spinnpapieres einen deutlichen Vorsprung. Die Werke, die sich mit der Erzeugung derartiger Papierstreifengarne befaßten, gaben die Produktion zumeist nach kürzerer oder längerer Zeit wieder auf. Den Anstoß zur Intensivierung der Papiergarnerzeugung vermittelte in Deutschland erst der Weltkrieg 1914—18 mit seiner Rohstoffnot.

Vor dem Kriege, im Jahre 1913, wurden von der deutschen Textilindustrie die folgenden Mengen Faserstoffe[3] verbraucht:

470000 t Baumwolle,
100000 t Wolle,
150000 t Jute,
50000 t Hanf und
55000 t Flachs.

Dem Bedarf standen an inländischen Erzeugnissen nur

8000 t Wolle und
6000 t Flachs

gegenüber, deren Menge durch erhöhten Anbau wohl gesteigert werden konnte, aber niemals den Bedarf zu decken in der Lage war — ganz abgesehen davon, daß die Anbaufläche für die notwendigen Nahrungs- und Futtermittel verlorengegangen wäre.

Sofort nach Ausbruch des Krieges versuchte man daher, weitere Ersatzstoffe aus dem heimischen Rohstoffnachwuchs für die fehlende Jute, Baumwolle, den fehlenden Hanf usw. zu entwickeln, da mit einem fühlbaren Mangel an Faserstoffen bei längerer Kriegsdauer gerechnet werden mußte.

So wurden nach Kriegsbeginn auch eine ganze Anzahl Werke in Betrieb gesetzt, welche die Erzeugung von Papiergarn nach dem Papierstreifenverfahren mit dem vorhandenen Maschinenpark aufnahmen. Die Arbeitsweisen, die Maschinen und die damit hergestellten Papiergarne wiesen zahlreiche Mängel auf, die aber notgedrungen in Kauf genommen werden mußten. Schließlich kam es dahin, daß eine große Anzahl von Artikeln überhaupt nur aus reinen Papier- bzw. Zellstoff- oder Mischgarnen hergestellt werden durften.[4]

---

[2] Zur Geschichte der Papiergarnherstellung, die hier nur gestreift werden kann. vgl. z. B. K. Süvern [63], W. Heinke [21, 22], E. O. Rasser [53] und W. Busch [10, 11].

[3] Zahlenangaben nach W. Büsselberg, VDI-Z. 63 (1919) S. 261—62.

[4] Flaggen, Kulissen, Mützen, Portefeuilles, Tapisserien, Schürzen, Pantoffeln, Gardinen, Vorhänge, Möbelbezüge, Lampenschirme, Gartenschirme, Teppiche, Vorleger, Läufer, Rouleaux, Rucksäcke, Tücher, Koffer, Taschen, Säcke, Puppen, Handtücher, Matratzen, Verpackungsmaterial und Bindfäden. (Nach zeitgenössischen Verordnungen.)

Unter solchen Umständen gingen die Forderungen an das Material viel zu weit. Der bald einsetzende Zellulosemangel führte zur Mitverwendung auch zweifelhafter und schlechter Ersatzstoffe, und alles, was mit Papiergespinst und -gewebe zusammenhing, kam bis Ende des Krieges in einen derartigen Verruf, daß niemand mehr etwas davon wissen wollte und nur die größte Rohstoffknappheit zum weiteren Gebrauch dieser minderwertigen Erzeugnisse zwang.[5]

Zur Hebung der Qualität der Papiergarne griff man unter diesen außerordentlich ungünstigen Verhältnissen das Naßspinnen von Papierstoff wieder auf. Durch die Gründung der Zellulon-Gesellschaft (in Verbindung mit der schon bestehenden Türk-Gesellschaft) in Hamburg und Berlin in den Jahren 1917/18 wurden ungefähr 30 Anlagen nach dem TÜRK-ISSENMANN-Verfahren projektiert, von denen 20 noch vor Kriegsende in Betrieb kamen. Einige von diesen sind mit näheren Angaben über Maschinenpark und System in der nachfolgenden Tabelle I aufgeführt:[6]

Tabelle I

Übersicht über die in Betrieb gewesenen Zellulonfabriken; die Anlage in Rohr war Versuchsstation sowohl für das TÜRK- wie das ISSENMANN-Verfahren.

Zellulonfabriken	Anzahl der Vorgarnmaschin.	Siebzylinder-Durchmesser in mm	Trockenzylinder-Durchmesser in mm	Arbeitsbreite der Vorgarnmaschine in mm	Holländer-Anzahl	Gearbeitet nach dem System
Augsburg	8	1000	1000	2000	12	TÜRK-ISSENMANN
Köslin	2	1250	3200	2000	2	TÜRK
Wileyka	2	1250	3200	2000	3	TÜRK
Odermünde	2	1250	3200	2000	4	TÜRK
Ober-Lenningen	2	1000	1000	2000	—	ISSENMANN
Neuß	2	1000	1000	2000	—	ISSENMANN
Ay	2	1000	1000	1500	2	ISSENMANN
Saupersdorf	2	1000	1000	2000	3	ISSENMANN
Reutlingen	4	1000	1000	2000	4	ISSENMANN
Wangen	1	—	—	—	1	—
Rohr/Thür.	1	Versuchsmaschine			1	TÜRK

Jede Vorgarnmaschine sollte das Vorgarn für 2000—5000 Spindeln, je nach Stärke, liefern, der Faserstoffmarkt mit 50000 bis 60000 kg Garnerzeugung/24 Std. entlastet werden.

[5] Unverantwortlicherweise wurden später, um das Inland zu entlasten, auch Restposten mangelhafter Qualität in das Ausland abgestoßen, was den Ruf deutscher Waren nicht fördern konnte.

[6] Des weiteren können genannt werden: Norddeutsche Jutespinnerei u. Weberei AG Hamburg, Elsässische Jutespinnerei u. Weberei AG Bischweiler, Hartmann & Co. Berlin (Werk Krappitz).

Ehem. Zellulonfabrik Augsburg (Werbeschrift)

Tafel 1. Vorgarnmaschinensaal

Spalke u. Kluge. Augsburg

Da die Vorgarnmaschinen, gebaut von der Maschinenfabrik J. M. Voith, Heidenheim, meist in schon bestehenden Papierfabriken oder Spinnereien aufgestellt werden konnten, kamen die Anlagen für das neue Verfahren verhältnismäßig rasch in Betrieb. Die größte Erzeugungsstätte mit 8 Vorgarnmaschinen erstand in der neu errichteten Zellulonfabrik Augsburg,[7] deren Inbetriebsetzung erst im letzten Kriegsjahre stattfand. Ihre Erzeugnisse wurden den angeschlossenen Fabriken, den größten Spinnereien und Webereien Augsburgs und den Bindfadenfabriken Füssen und Immenstadt, geliefert, wo die Weiterverarbeitung der Rohgarne erfolgte. Die Fertigwaren erreichten infolge des Kriegsendes kaum den allgemeinen Markt und blieben so der Öffentlichkeit fast unbekannt. Sie konnten auch die öffentliche Meinung und die Marktlage nicht mehr beeinflussen, denn nach dem Ende des Krieges wollte niemand mehr Papiergespinste kaufen, und die Spinnereien kehrten rasch zu der Verarbeitung ihrer früheren Rohstoffe zurück.

Man glaubte damals in weiten Kreisen, daß der Fasermangel durch die Wiedereinfuhr von Baumwolle, Jute, Hanf usw. behoben sei, zumal große Posten dieser Rohmaterialien schon bezahlt im Ausland lagen und nur durch die Kriegsverhältnisse dem Markt entzogen worden waren. Es schien, als ob alle die vielen Erfahrungen und Versuche der vergangenen Jahre, die teilweise mit außergewöhnlichen Anstrengungen und Opfern erkauft worden waren, umsonst gewesen seien und in Vergessenheit geraten sollten. Nur einige wenige Werke erkannten die tatsächliche Lage und suchten sich den neuen Verhältnissen anzupassen. Schließlich kam auch die Zellulonfabrik Augsburg zum Stillstand. Gerade hier wäre die Möglichkeit einer unterbrechungslosen Weiterentwicklung der Zellulongarn-Herstellung und einer Meisterung der veränderten Anforderungen am ehesten gegeben gewesen. Nicht in erster Linie technische oder wirtschaftliche Gründe, sondern Mangel an Interesse und Weitblick führten zu dieser Stillegung.

So schlummerte in jenen Jahren eine Industrie ein, die gewaltig eingesetzt hatte, aber durch die Nachkriegsverhältnisse gehemmt wurde, nachdem sie durch die Folgen der Kriegswirtschaft mit in Verruf gekommen war.

Die Entwicklung der Papiergarnindustrie nach dem ersten Weltkrieg hat W. Busch[8] in kurzen Zügen umrissen. Als sich zu Beginn der 30er Jahre das Interesse wieder in höherem Maße dem Papiergarn zuwandte, verband sich damit eine stärkere Ausrichtung der Produktion auf Spezialzwecke, denen das Material tatsächlich gerecht werden konnte.[9] Die sich versteifende Rohstofflage und schließlich der zweite

[7] Die Fotos (Tafel 1—6) entstammen der Zellulonfabrik Augsburg.

[8] Vgl. die beiden Aufsätze dieses Verfassers [10, 11].

[9] Außer Binde- und Packmaterial auch Verwendung und Mitverwendung für Flurteppiche, Läufer, Wandbekleidung, Möbelbezugstoffe u. ä.

Weltkrieg verhinderten in Deutschland einen normalen Fortgang dieser Bestrebungen.

Heute kann man mit W. BUSCH drei Arten von Papiergarnen unterscheiden: Bindegarne, Feinpapiergarne und Zellulosegarne (Zellulongarne). Die Bindegarne dienen hauptsächlich landwirtschaftlichen Zwecken (Erntebindegarne) und der Herstellung von Sackbändern, Packstricken usw., die Feinpapiergarne der Herstellung von Säcken und groben Stoffen für andere Verpackungszwecke, Markisen usw. Diesen üblichen Papiergarnen gegenüber können die naßgesponnenen Papierstoffgarne (Zellulosegarne) ganz allgemein höhere Ansprüche befriedigen, sei es, daß sie Binde- und Packzwecken dienen oder zum Weben, Wirken usw. herangezogen werden; eine besonders gute Eignung haben die Naßgespinste als Kabelgarne und als Schußgarne für elastische Bänder u. ä. erwiesen.

Die Festigkeits- und Dehnungswerte derartiger Zellulosegarne werden durch die folgenden Angaben gekennzeichnet:

Zellulose-Webgarne [10]

Nm (m/g)	Mittlere Dehnung %	Reißlänge m
1	7	9000
2	7	9000
2,4 - 3	6	9000
4,1 - 5	6	8000
6,1 - 7	6	8000
8,1 - 9	5,5	7500
10,1 - 11	5	7500
13,1 - 15	4,5	7500

Zellulose-Kabelgarne [10]

Durchmesser in mm	Mittlere Dehnung in %	Durchschnittliche	
		Bruchlast in g	Reißlänge in m
0,3	4,5	500	8000
0,4	5,5	800	8000
0,5	6,0	1200	8000
0,6	6,0	2000	8000
0,7	6,0	3300	9000
0,8	7,0	4200	9000
0,9	7,0	6100	9000
1,0	7,0	6900	9000

[10] Zahlenangaben nach W. BUSCH [10, S. 15 und 11, S. 119]. Vgl. auch die Zahlenangaben Mschr. f. Textilind. 55 (1940) S. 243. (Zellulongarne von i. A. höherer Dehnung und niedrigerer Reißlänge).

Wie schon hervorgehoben wurde, werden die üblichen Papiergarne aus Spinnpapier hergestellt. Die Erzeugung von Papierstoffgarnen im Naßspinnverfahren tritt demgegenüber zurück. Es läge im volkswirtschaftlichen Interesse, wenn die qualitative Überlegenheit der im Naßspinnverfahren hergestellten Garne zu einer weiteren Ausbreitung und Vervollkommnung dieses Verfahrens führen könnte. Die Herstellungskosten aller guten Papiergarne liegen jedoch ziemlich hoch, und die wirtschaftlichen Möglichkeiten der Papiergarnindustrie stehen in Abhängigkeit von der allgemeinen Rohstofflage, im besonderen der von Zellulose im Vergleich mit Jute und Hanf.[11] In den folgenden Darlegungen über den Herstellungsgang von Papierstoffgarnen im TÜRK-ISSENMANN-Naßspinnverfahren ist deshalb besonderer Nachdruck auf die Umstände gelegt worden, welche der Qualität des Garnes förderlich sind und Ausschuß und Unkosten senken.

[11] Dies gilt ganz allgemein, nicht nur für deutsche Verhältnisse. Zur wirtschaftlichen Lage der Papiergarnindustrie in Schweden vgl. beispielsweise G. BLUM [2].

II. Die Herstellung von Papierstoffgarnen im TÜRK-ISSENMANN-Naßspinnverfahren

C. ZELLSTOFF-AUSWAHL

Die Beschaffenheit des Zellstoffs ist beim Naßspinnverfahren von grundlegendem Einfluß auf die Qualität des Fertigerzeugnisses. Dieser Einfluß ist hier noch unmittelbarer und stärker als bei der Herstellung von Papiergarn aus Spinnpapierstreifen.[1]

Bei der Auswahl der Zellstoffe für ein Verspinnen im Naßverfahren ist das Hauptaugenmerk auf die Verwendung langfasriger, fester Zellstoffe von hoher Reinheit zu richten. Der Gehalt an Inkrusten bzw. verholzten Fasern soll möglichst gering sein. Ein Mangel in dieser Beziehung kann im Betrieb auf einfache Weise durch Prüfung mit Jod-Jodkaliumlösung, Chlorzinkjodlösung oder Phloroglucin-Salzsäure festgestellt werden.

Natron- oder *Natron-Sulfat-Zellstoff*, langsam gekocht und gut aufgeschlossen, bewährt sich am besten. Mit derartigen Zellstoffen kann eine hohe Reißfestigkeit der Garne erzielt werden; auch kommt die verhältnismäßige Weichheit der Faser dem Spinnprozeß entgegen. Wegen seiner gleichmäßigen, festen Faser, die langsam gewachsenem Holz entstammt, bevorzugte man oft nordischen Stoff.[2] Seine Griffigkeit und spezifische Leichtheit ergibt sich bei Aufschluß hochwertigen Kernholzes. Die Erfahrung hat gelehrt, daß in den nordischen Werken jedoch auch sehr viel Abfallholz verkocht wird, während das Kernholz in die Sägemühlen wandert. Der Ausfall der nordischen Stoffe ist deshalb sehr oft ungleichmäßig, worauf besonders geachtet werden muß. Bisher besteht keine Übereinstimmung der Meinungen darüber, ob man vorteilhafter Fichten- oder Kiefernzellstoff wählt.

Sulfit-Zellstoff verbürgt nicht die hohen Festigkeitswerte wie Natron- oder Sulfatzellulose. Verbesserte Aufschlußverfahren werden auch hier erweiterte Verwendungsmöglichkeiten mit sich bringen können.

Zellstoffe aus *Pappel*, *Buche*, *Birke* und *Stroh* sind infolge ungenügender Faserlänge wenig geeignet und bestenfalls in geringer Zumischung brauchbar. Aus ähnlichen Gründen bestehen auch für die Wieder-

[1] Vgl. beispielsweise W. BRECHT [3, 5], W. FRENZEL [17, 18], A. KLEIN [32], O. PENNENKAMP [43—45], E. O. RASSER [49], R. TRENSCHEL [65].

[2] Teilweise erwartet man gerade von der schneller und oft auch feuchter gewachsenen (Sulfat- und Sulfit-)Zellulose inländischer Herkunft eine besonders weiche Spinnfaser. Fester nordischer Stoff kann demgegenüber von den Mahlzeugen schärfer bearbeitet werden, ohne die Spinneignung einzubüßen.

verwertung von Altpapier ungünstige Voraussetzungen. Auf der anderen Seite verbieten sich ausgesprochene Faserstoffe wie Jute, Manila-Hanf, Adansonia usw. aus wirtschaftlichen Gründen von selbst; sie finden ohne eine chemische Aufarbeitung zu Zellulose ohnehin in der Spinnerei Verwendung.

Im Gegensatz zur technischen Qualität der Faser spielt die *Farbe* des Zellstoffs eine nur untergeordnete Rolle. Papierstoffgarne kommen in erster Linie für Erzeugnisse in Frage, bei denen helle Farben nicht oder nur in Sonderfällen verlangt werden. Sulfatzellstoff neigt immer zu dunkleren, braunen Tönen, doch sollte von einer Chlorbleiche im Interesse der Reißfestigkeit möglichst abgesehen werden. Falls sie dennoch nötig wird, muß sorgfältig mit entchlorenden Mitteln nachbehandelt werden. Eine gewisse Aufhellung tritt auch bei Mitverwendung einer helleren Sulfitzellulose ein.

Beste Qualität der Fertigprodukte sowie geringsten Ausschuß bei der Fabrikation ergibt jedoch nur die Verarbeitung reinen Sulfat- bzw. Natronsulfatzellstoffs, bei dessen Kochung zweckmäßig schon Rücksicht auf die Verwendung für Spinnzwecke genommen worden ist.[3] Dies spricht dafür, Papierstoff-Spinnereien an Zellstoff-Fabriken anzuschließen und örtlich nicht zu trennen. Dabei ergibt sich auch der Vorteil, *frischen, noch nassen Zellstoff* verarbeiten zu können, ohne daß die Frachtkosten des nassen Stoffes, bei dem etwa 65% Wasser mit befördert werden müssen, die Preisbildung im ungünstigen Sinne beeinflussen.

Erwiesenermaßen wird die Spinneignung des Zellstoffs durch die Trocknung mehr oder minder beeinträchtigt. Von verschiedener Seite ist beobachtet worden, daß sich bei Verarbeitung frischen, nassen Zellstoffes neben geringer Steigerung der Dehnbarkeit und Falzfestigkeit eine bis um 1000 m höhere Reißlänge der fertigen Fäden erzielen läßt.

Auch auf nassen Zellstoff kann sich jedoch lange Lagerung und weiter Transport schädlich auswirken. An sich erleichtert die Hygroskopizität besonders der Sulfatzellstoffe die Lagerung; Einfrieren des Materials oder zu hohe Temperaturen in ungelüfteten Lagerräumen müssen aber unbedingt vermieden werden.

D. STOFF-VORBEREITUNG

Zur Vorbereitung des Stoffes stehen eine ganze Reihe maschineller Einrichtungen der verschiedensten Konstruktion und Arbeitsweise zur Auswahl, wie sie als Kollergänge, Wurster, Kneter, Auflöse-, Stab-

[3] Auf die Zellstoff-Gewinnung kann hier nicht eingegangen werden. Die letzten Jahrzehnte haben zahlreiche Verbesserungsvorschläge gebracht und die Verwertungsmöglichkeiten schnellwüchsiger und einjähriger Pflanzen zu erweitern versucht. — Vgl. auch R. LIPPMANN [39].

Ehem. Zellulonfabrik Augsburg (Werbeschrift)

Tafel 2. Kollergang, Einweichtrommel und Wurster

Spalke u. Kluge, Augsburg

und Kegelstoffmühlen usw. für die Papier- und Pappenfabrikation, aber auch andere Industriezweige, im Laufe der Zeit entstanden. Eine abschließende Bewertung dieser verschiedenen Vorrichtungen ist schwer. Da Vergleichswerte, die unter tatsächlich gleichen Bedingungen und mit denselben Rohstoffen erarbeitet wurden und ein ungetrübtes Urteil erlauben könnten, nicht vorliegen, gehen die Meinungen auch der Fachleute verständlicherweise zum Teil weit auseinander. Neuerdings sind zu den erwähnten Maschinen noch die amerikanischen Pulperanlagen[1] getreten, die jedoch eine sehr große Produktion voraussetzen und für die Papiergespinstfabrikation weniger in Frage kommen dürften.

Bei der Vorbereitung des Stoffes zum Naßspinnen ist der größte Nachdruck auf die Erhaltung einer langen, festen Faser zu legen, was am ehesten durch Kneten und Quetschen, nicht aber durch ein Zerschneiden und ein Mahlen, das die Faserstruktur zerstört, gewährleistet wird. Daneben muß auf die Eigenart der Faser bzw. der Fasermischung und die beabsichtigte Garn-Nummer Rücksicht genommen werden.

Nach meiner Erfahrung ist auch heute noch ein gut arbeitender *Kollergang* als Universalmaschine zur Vorbereitung des Stoffes zum Naßspinnen anzusehen;[2] bei der Verarbeitung trockenen Zellstoffes kann er zur Steigerung der Leistung durch eine Einweichtrommel unterstützt werden.

Der ganze Arbeitsprozeß im Kollergang entspricht durch die walkende, knetende, pressende und quetschende Behandlung am besten den gestellten Bedingungen und kann den Erfordernissen von Faser und Garnstärke gut angepaßt werden. Die periodische Arbeitsweise des Kollerganges ist dabei kein Nachteil, da eine solche ohnehin durch die anschließende Holländerarbeit bedingt wird und die einzelnen Perioden auch zwanglos eine Einteilung auf die verschiedenen Aufträge und Garn-Nummern zulassen. Die geringen Leistungen älterer Kollergänge sind heute überholt; auch ist der moderne Kollergang betriebssicherer und gefahrloser.[3]

In praktischer Hinsicht kommt der Anpassung von Material und Oberfläche der Boden- und Läufersteine an die Verarbeitung von

[1] Vgl. K. Leonhardt [38].

[2] In manchen Fachkreisen liegen Bedenken gegen die Verwendung des Kollerganges vor. Mühlen sollen inländischen Stoff schonender behandeln und das starke Kräuseln des Kollerstoffes vermeiden. Kräuselung wird aber vom Spinner in Hinsicht auf einen weichen, fülligen Faden gerade gewünscht, wie auch bei textilen Fasern sich die Kräuselung für die Gebrauchseigenschaften des Gespinstes günstig auswirken kann. Zur Zellstoff-Kräuselung vgl. z. B. H. S. Hill u. Mitarb. [26].

[3] Weitere Verbesserungsmöglichkeiten sind beispielsweise durch neue Vorschläge für Kollergänge mit rotierenden Schalen, lang ausladenden Pendelrahmen usw. im Hinblick auf bessere Ausnutzung der Anlage, rationellere Arbeitsweise und kürzere Arbeitsperioden angebahnt worden; vgl. K. Leonhardt [38] und DBP 838 241.

Zellstoff eine große Bedeutung zu. Eine zu feine, harte Körnung läuft sich schnell glatt und muß zu oft aufgehauen bzw. gerauht werden, während eine zu weiche, grobe Körnung den Stoff versandet. Da Kollergänge ausschließlich für Spinnpapierzwecke oder die Verarbeitung frischer, feuchter Zellstoffe nicht verlangt wurden, ist dieser nicht unwichtigen Frage bisher wenig Aufmerksamkeit geschenkt worden. Bei Zellstoff ist die Gefahr eines Zusammenrutschens des Stoffes in der Schale größer als bei Altpapier. Es ist deshalb Pflicht der Bedienung, die scharfe Körnung so lange wie möglich zu erhalten. Das schädliche Arbeiten von Stein auf Stein wird am einfachsten dadurch vermieden, daß man bei der Entleerung eine dünne Stoffschicht in der Wanne stehen läßt.[4] Kollergänge mit hoher Schale, ohne Schaber, mögen für andere Stoffe gut brauchbar sein, bei der Bearbeitung von Spinnstoff-Faser halte ich sie nicht für angebracht.

Je feiner die Garne sein sollen, desto mehr Sorgfalt muß auf die Kollergang-Arbeit gelegt werden. Stoffwasser ist nur in beschränktem Maße bei Verarbeitung trockener Zellstoffe zuzusetzen. Die Verwendung warmen Wassers befördert die Weichheit und Geschmeidigkeit. Im allgemeinen verbessert möglichst niedriger Wassergehalt die Kollerarbeit. Bei den üblichen, feucht von der Zellulosefabrik kommenden Rollen kann ein Wasserzusatz meist ganz entfallen. Da die Zellulose frei von Verunreinigungen und Fremdkörpern sein soll, bietet dieser Teil der Fabrikation weniger Schwierigkeiten als die Verarbeitung von Altpapier bei der Herstellung von Papier und Pappe. Jede Zellulose-Sorte ist für sich zu kollern, um vollkommene Gleichmäßigkeit zu gewährleisten.

Die Leistung der Kollergang-Anlage muß so bemessen sein, daß der tägliche Bedarf der Holländer mühelos gedeckt werden kann und keine Stockung der Fabrikation eintritt. Gekollerten Stoff längere Zeit liegen zu lassen, empfiehlt sich nicht. Besonders an heißen Tagen trocknet gelagerter Stoff von der Oberfläche her leicht aus und wird hart; die ausgetrocknete Schicht löst sich dann schwerer auf und gibt Anlaß zu Ungleichmäßigkeiten.

Der Ausgleich für den ungestörten Zulauf des Stoffes zu den Vorgarnmaschinen wird erst hinter den Holländern in den Bütten geschaffen. Ein Kollergang mit 500 kg Eintrag, der mit 15 Umdrehungen/min läuft, ergibt praktisch im Durchschnitt 410—420 kg je Leere und genügt damit den Anforderungen von zwei Vorgarnmaschinen, selbst bei stärksten Garnen. Hierbei ist mit 12 Leeren in 24 Stunden gerechnet. Der Kraftverbrauch stellt sich bei Eintrag trockenen Zellstoffs auf 22—25 PS.

Bei mechanischem Antransport des Zellstoffs vom Lager zum Kollergang und Abtransport des Kollerstoffes zu den Holländern ist die

[4] Auch gegen die hier möglichen Schäden könnte ein Kollergang mit ruhenden Läufersteinen (vgl. Anm. 3) Schutz im Sinne einer unbedingten Betriebssicherheit gewähren.

Bedienung nicht voll ausgelastet; sie hat den Holländermüller zu unterstützen und für die Holländerfüllung zu sorgen.

Ein Spezialprüfgerät zur Kontrolle der Kollerarbeit gibt es nicht; dieser Mangel fällt jedoch nicht schwer ins Gewicht. Eventuelle Stofffehler werden durch die Holländerarbeit und deren genaue Überwachung ausgeglichen. Trotzdem muß beim Kollern Trockengehalt, Dauer des Eintrages und der Mahlzeit im Interesse eines gleichmäßigen Produktes und des Kraftverbrauches unter ständiger Kontrolle gehalten werden.

E. HOLLÄNDERARBEIT

Die Holländerarbeit bildet einen Schwerpunkt des gesamten Naßspinn-Verfahrens. Was hier an groben Fehlern unterläuft, kann nicht mehr ausgeglichen werden.

Die Vorgänge im Holländer, über die sehr zahlreiche Untersuchungen[1] von den verschiedensten Gesichtspunkten aus angestellt worden sind, führen zu einer Vergrößerung und Zustandsveränderung der Faseroberfläche, zu Wasseraufnahme und Quellung, gegebenenfalls auch zu stärkerer Schleimbildung.

Im Rahmen des Naßspinn-Verfahrens soll die Holländerarbeit die Zellstoff-Faser so quetschen, walken, kneten und spalten, daß sie geschmeidig und weich wird, ohne verkürzt oder unter Verlust der Fasereigenschaft zermahlen zu werden. Es muß immer wieder betont werden, daß eine lange, weiche, knotenfreie Faser für die Herstellung von Garnen höchster Reißfestigkeit Bedingung ist. Man arbeitet demzufolge am besten mit stumpfer Bemesserung bei dickem bis dickstem Stoffeintrag, doch so, daß der Faser eine gewisse Röschheit erhalten bleibt und sich nicht zu viel Zelluloseschleim bildet. Ein Übermaß an Schleim würde den fertigen Faden zu steif, brüchig usw. machen.

Im Interesse eines hochqualifizierten und gleichmäßigen Endproduktes muß die Holländerarbeit einer genauen Kontrolle des Mahlungsvorganges unterworfen werden, die übliche Handprüfung genügt nicht.[2] Eine allgemein gültige Aussage über den besten Mahlungsgrad läßt sich bei der Verschiedenheit der Zellstoffe (selbst die einzelnen Kochungen des gleichen Fabrikates können Unterschiede aufweisen) freilich nicht machen.

Empfohlen hat sich folgende Arbeitsweise: Der Eintrag des Stoffes, die Zugabe in verschiedenen Perioden, das Aufsetzen und Lockern der Mahlwalze, die Stoffgeschwindigkeit, Wasserzugabe, Temperatur,

[1] An neueren Arbeiten seien beispielsweise die von J. CHIAVERINA [12], A. NOLL [41] und B. STEENBERG [62] genannt. Zur Mahlung in einem Mischer vom Werner-Pfleiderer-Typ vgl. F. NORTH u. H. SAMUELS [42].

[2] Vgl. K. LEONHARDT [36, S. 1708] und F. FRISCH [19, S. 2964]. Als Faserlängen werden 5—6 mm, für stärkere Garn-Nummern 4—5 mm empfohlen. Schmieriger Stoff erschwert die Entwässerung auf dem Rundsieb. Zur mikroskopischen Mahlungskontrolle vgl. auch R. MARPON [40].

der Kraftaufwand usw. werden an Hand des Mahlungsgradprüfers für eine bestimmte Zellstoff-Sorte notiert und erprobt, indem die erwähnten Daten auf einem Laufzettel vermerkt werden, der vom Holländer zur Vorgarnmaschine weiterläuft. So kann man eine Mahlungsnorm für eine bestimmte Zellstoffsorte festlegen, die dann für weitere Holländerleeren zur Vorschrift gemacht wird. Dies alles erfordert vom Holländermüller Verständnis, Aufmerksamkeit und Einfühlungsvermögen. Da gerade auf ihn viel ankommt, können nur zuverlässige, erfahrene Kräfte gebraucht werden.

Sind die vorgeschriebenen Werte der Mahlungsprüfung über- oder unterschritten, so kann dies nur durch Mischung verschiedener Holländer wieder ausgeglichen werden, was an die Papiermacherkunst vergangener Zeiten erinnert. In größeren Betrieben kann die Musterabnahme in bestimmten Abständen und die Prüfung des Mahlungsgrades schließlich auch durch eine jüngere Kraft selbständig erfolgen, und der Holländermüller hat nur an Hand des Kontrollzettels korrigierend in den Mahlprozeß einzugreifen. Der Prüfstand befindet sich am besten in nächster Nähe der Holländer. Nur ständige Kontrolle und Prüfung schützen vor unliebsamen Überraschungen im späteren Arbeitsgang. Sollten Zufälligkeiten, Irrtümer und Unachtsamkeiten unterlaufen, so können sie vom Produktionsleiter an Hand der Laufzettel sofort festgestellt werden.

Mit Vorteil konzentriert sich die gesamte Holländerarbeit auf die Erzielung der besten Werte für Reißfestigkeit, Weichheit und Dehnung im Fertigprodukt.

Eine *Ausfärbung* erfolgt selten, da die Spinnstoffe meist naturfarbig verlangt werden. Die hin und wieder gewünschte intensiv braune Färbung ist praktisch wertlos.

Ein *Zusatz von Erde* (Kaolin) ist oft im Interesse der Gewichtserhöhung vorgenommen worden. Über den Einfluß von Füllstoffen auf die Qualität des Papierstoff-Gespinstes ist noch verhältnismäßig wenig bekannt. Sicher ist ein Zuviel an erdigen Stoffen abträglich und macht das Endprodukt schwammig und wasseraufsaugend.

Eine *Leimung*, wie sie bei der Herstellung besonders von Schreibpapieren für deren Qualität von Ausschlag sein kann, ist hier weder nötig noch förderlich. Lediglich ein Zusatz von *Alaun* (Papiermacher-Alaun, Aluminiumsulfat) kann empfohlen werden. Der Zusatz von schwefelsaurer Tonerde hat sich mengenmäßig nach der Beschaffenheit des Produktionswassers zu richten und sollte nicht übertrieben werden. Eine mäßige Zugabe von Alaun erleichtert die weitere Verarbeitung des Stoffs.[3]

[3] Vorteile könnte u. U. auch der Einsatz geeigneter Mittel zur Erweichung oder zur Imprägnierung des Faserstoffes bringen. Dies berührt Fragen, deren Behandlung hier zu weit führen würde.

Ehem. Zellulonfabrik Augsburg (Werbeschrift)

Tafel 3. Holländersaal

Spalke u. Kluge, Augsburg

Für die Holländer[4] selbst haben sich schwere Walzen mit Parallelanhub, bis 1800 mm Durchmesser, am besten bewährt, obwohl auch mit kleinen Holländern bis herunter auf 120 kg Eintrag gute Reißlängen erzielt wurden.

Die Rentabilität einer Anlage verlangt jedoch größere Aggregate, und solche von 450—500 kg Eintrag trocken gedachten Stoffes dürften am vorteilhaftesten sein.

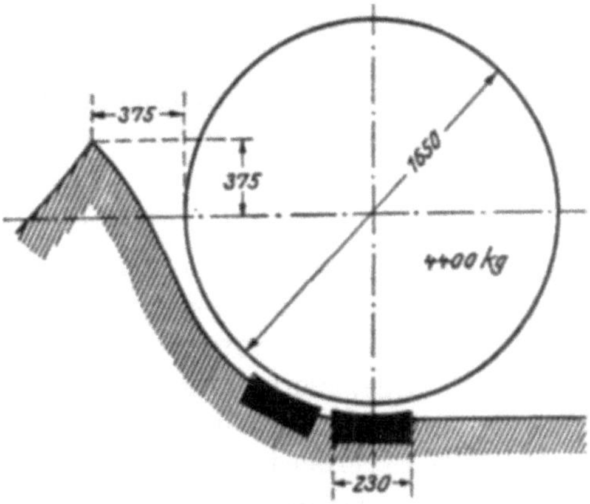

Abb. 1. Holländerwalze mit Grundwerken und Kropf

Als Beispiel ist in Abb. 1 und 2 eine Walze von 1650 mm Durchmesser und 1250 mm Breite mit Kropfbildung und einer Bemesserung von 120 parallel zur Achse eingesetzten 10 mm breiten Messern, zu je 3 Stück gebündelt, abgebildet. Das dazu gehörige Grundwerk ent-

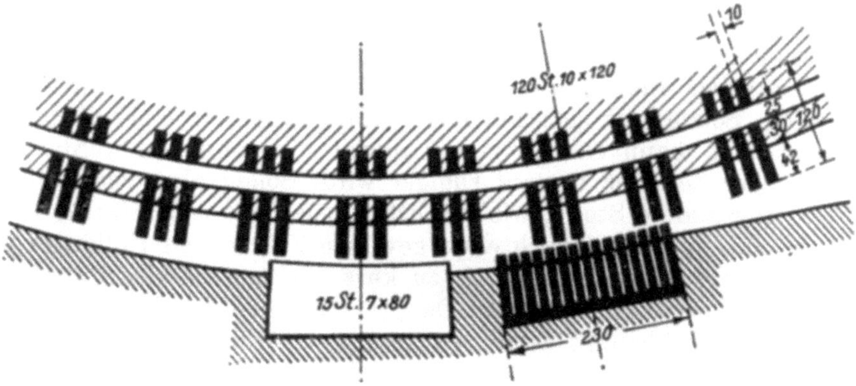

Abb. 2. Holländerbemesserung mit zwei Grundwerken

hält 2 Messerbündel zu je 15 Messern (7 mm breit), die um 30 mm schräg gegen die Walzenmesser versetzt eingelagert sind. Die Schräglage der Grundwerksmesser läßt die Luft besser entweichen und fördert Umlauf, Mahlung und Mischung. Als Material der Bemesserung genügt üblicher Stahl, da bei den Spinnstoffen keine Rücksicht auf blendende Weiße genommen zu werden braucht.

[4] Neuerdings hat man im Rahmen der Herstellung von Spinnpapieren auch Holländer mit Steinmahlzeug empfohlen (Granitgrundwerke, 200 mm breit, mit ebensolchen Walzen, spiegelglatt aufeinander eingeschliffen). Im Rahmen des Naßspinnverfahrens halte ich eine derartige Stein-Armierung, die im Interesse des Umlaufes eine niedrige Stoffkonsistenz von etwa 3 % bedingt und leicht einen zu schmierigen Stoff ergeben kann, für weniger geeignet.

Die Umfangsgeschwindigkeit der Walze beträgt 673 m/min bei 130 Umdrehungen, das sind 11,2 m/sec. Bei einem Walzengewicht von 4400 kg und einer Entlastung von 2900 kg ergibt sich ein Gesamtgrundwerksdruck von 1500 kg auf beide Grundwerke. Die wirkliche Auflagefläche beträgt infolge Schrägstellung der Grundwerksmesser 600 cm^2, was einem Druck von 2,5 kg/cm^2 entspricht.

Bei Verwendung nur eines Grundwerkes erhöht sich der Druck auf das Doppelte. Scharfe Messer würden bei diesem Druck den Stoff für die Papierspinnerei unbrauchbar machen und die Faser zerschneiden. Auf die richtige, zeitgebundene Einstellung der Walzendrucke kommt sehr viel an, und hierfür das richtige Verständnis aufzubringen, ist Sache eines zuverlässigen Holländermüllers.

Je nach der Stoffkonsistenz beträgt der Eintrag an trockenem Stoff für den oben gekennzeichneten Holländer bei 5% atro 225 kg, bei 6,5% atro 360 kg, bei 7—8% atro 450—460 kg. Man wird immer bestrebt sein, die Stoffkonsistenz auf 7—8% zu halten, was aber seine Grenzen in der Umlaufgeschwindigkeit des Stoffes in der Wanne findet. Das Nachhelfen mit Rührscheit ist ein problematisches Mittel, da es ungleichmäßig erfolgt und nie regelmäßig durchgeführt wird.

Holländer mit Stofftreibern oder anderen Treiborganen, wie von Kölliker und Hromadnik vorgeschlagen und ausgeführt, beschleunigen zwar den Umlauf bedeutend, erhöhen aber auch den Kraftbedarf erheblich. Solange es sich um die Verarbeitung nur einer Zellulosesorte handelt, kann eine längere Laufzeit hingenommen werden, da nach einiger Zeit der Umlauf zügiger wird. Sollen aber verschiedene Sorten oder andere Stoffe, wie Strohstoff usw., mit zum Eintrag kommen, so dürfen sie erst nach einer gewissen Zeit in den Holländer gegeben werden, da sie andernfalls zu kurz oder zu schmierig ausfallen und die Qualität verschlechtern. Das Verarbeiten verschiedener Sorten und Stoffe beschleunigt zwar den gesamten Arbeitsprozeß nicht, ist aber immer noch vorteilhafter, als die Sorten oder Stoffe für sich in getrennten Holländern fertig zu machen. Da die getrennt gearbeiteten Stoffe von verschiedener Beschaffenheit sind, könnten sie nicht ohne Zwischenschaltung eines Mischholländers in die Bütten abgelassen werden.

Wenn auch eine bestimmte Norm zur Erzielung höchster Reißfestigkeit für Holländer verschiedenen Baus nicht gegeben werden kann, so soll doch für den in Abb. 1 und 2 gekennzeichneten Holländer eine Arbeitsperiode für einen guten Sulfatzellstoff beschrieben werden:

Nach Eintrag des gut vorbereiteten Stoffes wird mit stumpfen Messern und leicht aufgesetzter Walze bei höchstmöglicher Stoffkonsistenz eine Stunde lang gebürstet und gequetscht und weitere Zellulose nachgefüllt, soweit dies der Umlauf gestattet. Diese Arbeit setzt sich dann zwei Stunden mit nach und nach schärfer aufgesetzter

Walze fort, wobei der Stoff warm wird, um nach weiteren zwei Stunden heiß, geschmeidig und fertig zu sein. Ein Forcieren der Mahldauer ist zu vermeiden. Nach dieser Zeit muß der Mahlungsgradprüfer diejenigen Werte und Temperaturen anzeigen, die nach den Vorschriften einzuhalten sind.

Nach Beendigung des Arbeitsprozesses wird der Holländer in die Bütte abgelassen oder stillgestellt. Ein weiterer Umlauf bei hochgehobener Walze ist unnütz, schadet der Stoffqualität und ist Kraftvergeudung. Die Holländer sollen deshalb ausrückbar oder durch elektrischen Einzelantrieb angetrieben sein. Waschtrommeln entfallen, da es sich um reine Stoffe ohne Fremdkörper handelt.

Der Kraftverbrauch je Holländer von 450 kg Inhalt beträgt je nach der Mahlung, dem Zustand der Stoffkonsistenz und der Walzenauflage 25—45 PS, woraus zu ersehen ist, welcher Wert auf die Kraftverbrauchskontrolle gelegt werden muß. Schon der Leerlauf bei gefülltem Holländer erfordert 12—18 PS. Bei der oben angegebenen Arbeitsperiode von 5 Stunden wird der Holländer in 24 Stunden 4,5mal geleert und erbringt damit 2000 kg Stoff, so daß für zwei Vorgarnmaschinen zwei Holländer notwendig sind. Für die allerstärksten Garn-Nummern (etwa unter Nm 1,5) müßte ein dritter Holländer in Reserve stehen. Die Bedienung und Beschickung einschließlich der Mahlungsgradprüfung obliegt bei zwei Vorgarnmaschinen dem Holländermüller allein, falls der Kollerstoff mechanisch bis in Holländerhöhe gebracht wird.

F. BÜTTEN, STOFFREGULIERUNG, SAND- UND KNOTENFANG

Von den Holländern gelangt der Stoff mit entsprechender Abwasserverdünnung in die *Bütten*. Die Bütten dienen als Stoffausgleich des periodischen Holländerbetriebes und als Vorratsbehälter, sie ermöglichen ein ungehindertes Arbeiten der Vorgarnmaschinen. Zweckmäßig verwendet man mindestens zwei Bütten; in die eine Bütte wird abgeleert, aus der anderen gearbeitet.

Um ihrer Aufgabe entsprechen zu können, müssen die Bütten genügend groß, leicht zugänglich und leicht zu reinigen sein und ein gutes Vermischen und ein Entleeren bis auf den letzten Rest erlauben.

Bei 450 kg Holländereintrag und bei einer Arbeit auf gröbere Garn-Nummern sind Bütten von etwa 18 cbm Inhalt notwendig. Hierbei ist mit einer 4,5maligen Holländer-Entleerung/24 Std. gerechnet, was einer Stoff-Fertigung von 3900 kg bei 2 Holländern entspricht. Bei einer Stoffkonsistenz von 2,5% (also einer 40fachen Verdünnung) ergibt dies einen Stoffbreizulauf in die Bütten von etwa 6250 l/Std. Dies würde für 2,72 Betriebsstunden der Vorgarnmaschine ausreichen, womit der Vorrats-Aufgabe der Bütten Rechnung getragen ist.

Für eine spätere anstandslose Entwässerung des in 2,5%iger Konsistenz von der Bütte kommenden Stoffes ist eine weitere Herabsetzung der Konsistenz auf 1,5—1% nötig, was einer 70—100fachen Verdünnung entspricht. Diese Verdünnung des Stoffes erfolgt vor dem Sand- bzw. Knotenfang. Da genügend Stoffwasser von der Vorgarnmaschine vorhanden ist, kommt ein Zusatz von Frischwasser an Holländern und Bütten wie am Sandfang ganz in Wegfall.

Während der Stoff vom Kollergang bis zu den Bütten ohne Pumparbeit befördert wird, erfolgt die *Weitergabe des Stoffes* durch eine Ein- oder Zweikolbenpumpe (oder auch durch ein Schöpfrad) zum Stoffregulierkasten und Sandfang. Wegen der breiigen Beschaffenheit des Stoffes zieht man Kolbenpumpen vor; Zentrifugalpumpen leiden leicht unter Schaumschwierigkeiten. Die Bedienung erfolgt durch den Vorgarn-Maschinenführer.

Wird der Büttenstoff durch eine Kolbenpumpe oder ein Schöpfrad dem *Stoffregulierkasten* vor dem Sandfang zugeführt, so ist eine gleichmäßige Zuteilung des Stoffes an die Vorgarnmaschine gewährleistet, und dem Regulierkasten fällt lediglich eine Nachregulierung durch Stoffüber- und Rücklauf und die schon erwähnte notwendige Verdünnung des Stoffes auf die optimale Konsistenz zu.

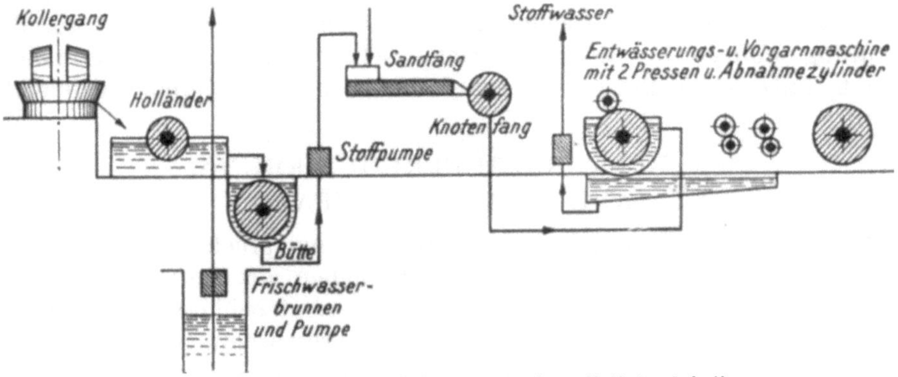

Abb. 3. Schema des Arbeitsganges einer Zellulonfabrik

Der *Sandfang* braucht eine Länge von 3 m bei 0,6 m Breite nicht zu überschreiten, da bei dem verarbeiteten Zellstoff die Ausscheidungen an Sand und anderen Verunreinigungen gering sind.

Der nun anschließende *Knotenfangzylinder* mit 0,5 mm Schlitzweite ist mit 750 mm Durchmesser und 1500 mm Breite ausreichend genug bemessen; er bewältigt bis zu 6000 kg Stoff atro in 24 Std., was für eine Vorgarnmaschine von 2000 mm Breite selbst bei einer Arbeit auf gröbste Garn-Nummern mehr als genügend ist.

Kegelstoffmühlen oder andere Mahleinrichtungen, die zwischen Bütte und Sandfang einen Ausgleich von Mahlungsschwankungen vornehmen sollen, halte ich, abgesehen von ihrem bedeutenden Kraftverbrauch, für unnötig. Sorgsame Holländerarbeit im bereits geschilderten Sinne ist besser.

Der gesamte bisherige Arbeitsgang ist schematisch in Abb. 3 dargestellt.

Ehem. Zellulonfabrik Augsburg (Werbeschrift)

Tafel 4. Stoffzuführung zur Vorgarnmaschine

Spalke u. Kluge, Augsburg

G. ZUR STREIFENBILDUNG UND ENTWÄSSERUNG AUF DER VORGARNMASCHINE

Von den Bütten gelangt der gereinigte und auf zweckentsprechende Verdünnung gebrachte Stoff zu den Vorgarnmaschinen.

Die Hauptaufgaben der *Vorgarnmaschine* bestehen darin, aus der Stoff-Aufschwemmung feuchte Stoff-Streifen von 2—25 mm Breite zu bilden[1] und diese Streifen soweit zu entwässern bzw. vorzutrocknen, daß sie (gewöhnlich nach anschließender Nitschelung oder auch Falzung) ohne Schwierigkeit versponnen werden können. Die *Streifenbildung* erfolgt auf einem Rundsiebzylinder mit besonderer Streifeneinrichtung, die weitere *Entwässerung* durch Gautschen und Abpressen, gegebenenfalls auch durch ein zusätzliches Absaugen und/oder einen gelinde beheizten Trockenzylinder, jedoch in jedem Falle so, daß die gebildeten Streifen spinnfeucht bleiben, also auf der Vorgarnmaschine kein fertiges, trockenes Papier entsteht.

Die Bildung der Stoff-Streifen auf der Vorgarnmaschine und das Verspinnen der noch vom Herstellungsprozeß naturfeuchten Bänder sind Hauptmerkmale des Naßspinnverfahrens nach TÜRK[2] und ISSENMANN. Gerade auf der Bildung und Verarbeitung feuchter Stoff-Streifen beruhen die Eigenarten des Verfahrens und die besonders guten Eigenschaften der so gewonnenen Papierstoff-Garne.

Es sei nochmals daran erinnert, daß bei der üblichen Herstellung von Papiergarnen fertige, trockene Papierbahnen (Spinnpapier) in Streifen geschnitten werden; die durch Anfeuchten schmiegsam gemachten Papierstreifen werden dann durch Drellieren in Fadenform gebracht. Beim Verfahren nach TÜRK und ISSENMANN wird nicht nur der fabrikatorische Umweg über das trockene Papier vermieden; die Möglichkeit, ohne harte Trocknung auf den Trockenzylindern der Papiermaschine, ohne nachträgliches Schneiden und Wiederanfeuchten des trockenen Spinnpapieres auszukommen, erweist sich auch als Vorteil für die Qualität des Gespinstes. Die intensive Trocknung auf den Trockenzylindern der Papiermaschine beeinträchtigt nur zu leicht die für ein Verspinnen wertvollen Fasereigenschaften und verändert und verhärtet den bei der Mahlung entstandenen Zelluloseschleim. Das Wiederanfeuchten und Quellen des Papieres lockert dessen Gefüge unter Festigkeitsverlust, und beim Zerschneiden der Papierbahnen zu Streifen wird ein beträchtlicher Prozentsatz von Fasern verkürzt. Lange Fasern aber sind eine der Vorbedingungen eines festen Gespinstes.

---

[1] Die Streifen müssen schmäler oder breiter gehalten werden, je nachdem hohe oder niedrige Garn-Nummern hergestellt werden sollen. Eine Streifenbreite von 2 mm erlaubt je nach Filmstärke die Fertigung von Garnen Nm 9—18.

[2] DRP 79272 (Streifenbildung auf einer Rundsieb-Einrichtung) und andere Patente von G. TÜRK, nach denen zuerst ein tatsächlich brauchbares Garn hergestellt werden konnte; vgl. W. HEINKE [21, S. 17].

Überdies ist die Faserlage in Papieren, wie sie auf der Langsiebmaschine in üblicher Weise hergestellt werden, dem Verspinnen nicht allzu günstig.[3]

Demgegenüber können als Vorteile für die Qualität des fertigen Fadens folgende Punkte des hier betrachteten Naßspinnverfahrens angesehen werden: Die Vorgarnmaschine arbeitet nach dem Rundsieb-Prinzip, demzufolge ist die Faserlage im gebildeten Streifen nicht regellos und zufällig, sondern, wie es den Anforderungen guten Verspinnens entspricht, in der Hauptsache der Arbeitsrichtung parallel.[4] Eine Verkürzung der Fasern durch Schneiden tritt nicht ein. Beeinträchtigungen durch scharfes Trocknen und Wiederanfeuchten sind vermeidbar geworden, der Zelluloseschleim bleibt zunächst plastisch, beim späteren Verspinnen und endgültigen Abtrocknen kann er die Fasern in Spinnlage verkitten. Zudem kann dem naturfeuchten Papierstoffstreifen beträchtlich mehr Draht (und damit dem fertigen Faden mehr Feinheit oder Festigkeit) gegeben werden als aus Spinnpapier geschnittenen Streifen, die gewöhnlich auch nach der Feuchtung, die nicht zu weit getrieben werden darf, eine gewisse Steifheit behalten und bei Überbeanspruchung leicht seitlich einreißen. Während das Spinnen von Papierstreifen bei Lichte betrachtet gewöhnlich nur als ein Drellieren aufzufassen ist,[5] entspricht das Spinnen der naturfeuchten Papierstoffstreifen schon weitergehend dem Begriff des Spinnens im streng textilen Sinn, und es können Reißlängen von 10000 m und mehr erzielt werden.[6]

Insgesamt stehen die so gewonnenen Papierstoffgarne im Unterschied zu den üblichen Papiergarnen den aus eigentlichen Textilfasern gewonnenen Fäden schon recht nahe. Auch ihre Widerstandsfähigkeit gegen Feuchten und Waschen ist — ganz abgesehen von weiteren Möglichkeiten einer chemischen Imprägnierung — schon infolge ihres festen Gefüges und der besonderen Rolle des Zelluloseschleims erstaunlich gut, obwohl sie die Höhe der eigentlich textilen Garne nicht erreichen kann.

Es ist nicht ganz ausgeschlossen, daß die Zukunft die technische Durchbildung auch anderer Vorschläge zur Verspinnung von Zell- bzw.

[3] Scharfes Trocknen und nachträgliches Wiederanfeuchten kann beispielsweise zu Reißfestigkeitsverlusten bis zu 40—50% führen. Auf eine Reihe der erwähnten Nachteile der Papierstreifenspinnerei ging O. Johannsen in einem Vortrag (Stuttgart, 2. Februar 1918) ein.

[4] Vgl. die Mikro-Aufnahmen bei F. Frisch [19, S. 3250].

[5] Vgl. W. Heinke [21].

[6] Vgl. F. Frisch [19, S. 2963]. Nach Frisch können für gewöhnliche Garne Reißlängen von 6000 bis 8000 m als zureichend angesehen werden, zumal mit zunehmender Reißfestigkeit die Garne meist auch härter werden und vom Verbraucher vielfach gerade auf weiche Garne Wert gelegt wird. Auch der Forderung nach Weichheit läßt sich, z. B. durch eine geeignete Mahlung, die dem Stoff genügend Röschheit beläßt, durch entsprechende Stoffauswahl usw. Rechnung tragen.

Papierstoff bringen kann,[7] vorläufig steht jedoch in der Reihe ähnlicher Verfahren das hier behandelte Naßspinnen in bezug auf großtechnische Eignung und weitere Entwicklungsmöglichkeiten zweifellos an erster Stelle.

H. BAU UND ARBEITSWEISE DER VORGARNMASCHINEN UND IHRE VERBINDUNG MIT FALZ- ODER NITSCHELARBEIT

1. *Allgemeines über Bau und Arbeitsweise der Vorgarnmaschinen*

Als großtechnisch brauchbar haben sich bisher nur Vorgarnmaschinen mit Rundsieb-Entwässerung erwiesen.

Vielfach hatte man gehofft, gerade das Prinzip der Langsieb-Entwässerung der Bildung feuchter, spinnfähiger Stoffstreifen mit Vorteil dienstbar machen zu können. Nach langwierigen und kostspieligen Versuchen, die für die meisten der daran Beteiligten nur schmerzliche Erinnerungen zurückließen ohne eine tragbare Lösung des Problems zu bringen, ergab sich jedoch, daß der schnelle Lauf der Langsiebmaschine sich für die Streifenbildung nicht voll ausnutzen ließ, sondern eher Unzuträglichkeiten mit sich brachte. Die Streifenbildung, das Abpressen und besonders auch das Aufwickeln der feuchten Bändchen benötigen eine gewisse Zeit, die aus praktischen Gründen nicht unterschritten werden darf. So wies die Erfahrung von selbst auf das

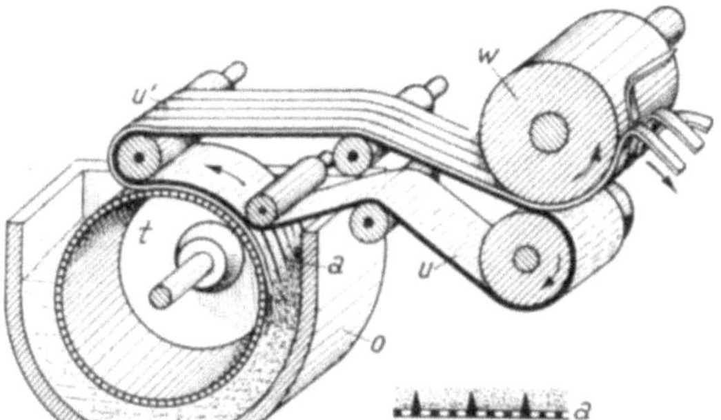

Abb. 4a. Bildung feuchter Papierstoffstreifen nach G. ROHN*
o Trog für den Faserbrei, t Siebtrommel, a Aufnahme der feuchten Fasern in die Rinnen der Streifeneinrichtung, u Naßfilz, u' Stoffstreifen auf dem Filz, w Preßwalze

Rundsieb hin, das langsamer arbeitet, aber auch bessere Streifen und weniger Ausschuß ergibt, leichter zu bedienen ist, geringere Regiekosten verursacht und nicht von vornherein so große Betriebskomplexe

[7] Zum Verspinnen trockenen Zellstoffes oder zur Vorgarnbildung mit Hilfe eines Rotationsverfahrens vgl. etwa frühere Vorschläge in Aufsätzen von E. O. RASSER [50] und A. KLEIN [32].

* G. ROHN: Papiergarn, seine Herstellung und Verarbeitung; Theodor Martins Textilverlag, Leipzig 1918, S. 19, Bild 8.

voraussetzt wie das Langsieb. Aus allen diesen Gründen griff man im ersten Weltkrieg, als die Papiergarnerzeugung größere Bedeutung gewann, nicht erst auf eine Herstellung der Stoff-Streifen an oder nach der Langsieb-Papiermaschine zurück, sondern stellte sich ganz auf die Arbeit mit Rundsieb-Streifenzylindern ein.

Die *Vorgarnmaschinen mit Rundsieb-Streifenentwässerungszylinder* arbeiten ganz ähnlich wie die Rundsiebmaschinen[1] der Papier- und Pappenindustrie, nur daß an Stelle des üblichen Siebes ein Streifenzylinder benutzt wird, der den Stoff nicht als breite Bahn, sondern in nebeneinander liegenden Einzelstreifen zur Abscheidung bringt, und daß den sonstigen Bedingungen einer Entwässerung der gebildeten Streifen auf den zum Spinnen nötigen Trockengehalt entsprochen wird. Nach der Bildung der Streifen auf der Rundsieb-Einrichtung werden die Streifen an der Gautschwalze dem Naßfilz übergeben. Von dort gelangen sie (evtl. nach weiterer Entwässerung durch einen Luftsauger)[2] zu den Naßpreßwalzen, wo sie das Obertuch übernimmt. Bei der ISSENMANN-*Vorgarnmaschine* gibt das Obertuch die Streifen an den (gegebenenfalls gelind beheizten) Abnahmezylinder zur Aufrollung ab. Bei den TÜRK-Vorgarnmaschinen gelangen die Streifen mit dem Obertuch an einen großen, heizbaren Trocken- und Abnahmezylinder, von wo sie sogleich zu darunter angeordneten Nitschelwerken geführt werden (TÜRK-*Vorgarnmaschine mit großem Trockenzylinder*), oder sie kommen vom verlängerten Obertuch ohne Wärmeeinwirkung direkt zu darunter befindlichen Nitschelwerken (TÜRK-*Vorgarnmaschine mit verlängertem Obertuch*).

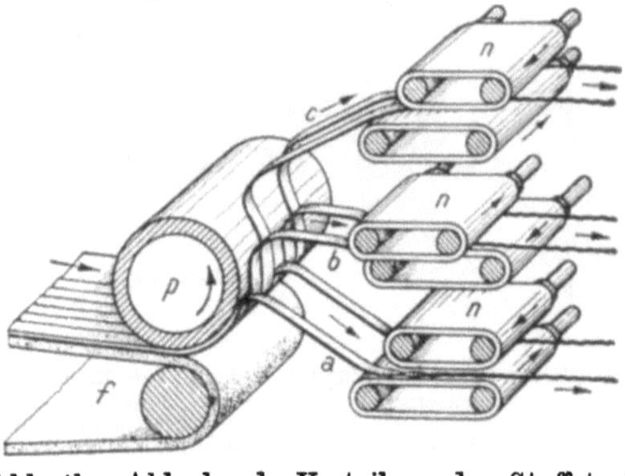

Abb. 4b. Ablenkende Verteilung der Stoffstreifen zu einzelnen Nitschelzeugen nach G. ROHN*
p Preßwalze, a, b, c Verteilung durch ablenkende Abführung
f Filz, n Nitschelzeuge

Die verschiedenen Bauweisen der Vorgarnmaschine entstanden aus dem Bestreben, die Arbeit der Vorgarnmaschine den anschließenden

[1] Vgl. zur Arbeit des Rundsiebes H. HORMANN [28] und K. LEONHARDT [35, 37].
[2] Vgl. S. 49.
* G. ROHN: Textilfaserkunde; Verlag J. Springer, Berlin 1920, S. 87, Fig. 31.

Arbeitsgängen möglichst weitgehend anzupassen. So schloß sich beispielsweise an das Arbeiten mit der ISSENMANN-Vorgarnmaschine zunächst ein Falzen der feuchten Bänder an, um diese fester und vor allem leichter transportfähig zu machen; die TÜRK-Vorgarnmaschine mit großem Trockenzylinder sollte eine höhere Entwässerung ermöglichen. Die TÜRK-Vorgarnmaschine mit verlängertem Obertuch kann keine so weitgehende Entwässerung erzielen, sie sollte vor allem den Nitschelwerken, die bei der anderen TÜRK-Maschine räumlich sehr beengt sind, mehr Raum schaffen. Bei der Konstruktion und Verwendung der einzelnen Typen von Vorgarnmaschinen spielten auch zeit- und ortsbedingte Umstände eine Rolle (z. B. der Mangel an Material für die Hosen der Nitschelwerke, die Nötigung, die feuchten Bänder an Spinnereien zu transportieren), die bei einer Errichtung von Anlagen für das Naßspinnverfahren heute nicht mehr von Ausschlag zu sein brauchen.

In den folgenden Abschnitten wird auf die genannten Vorgarnmaschinen, auf die Erfahrungen mit ihnen und den zugehörigen Falz- oder Nitschelverfahren noch näher eingegangen werden.[3] Zuerst soll die ISSENMANN-Vorgarnmaschine besprochen werden, sie ist am einfachsten gebaut, und die genaue Kenntnis ihrer Konstruktion und Arbeitsweise vermag das Verständnis und die Beurteilung der anderen Vorgarnmaschinen-Typen wesentlich zu erleichtern. Zudem dürfte das Arbeiten auf der ISSENMANN-Vorgarnmaschine, allerdings ohne anschließendes Falzen, normalen Anforderungen der heutigen Zeit am besten gerecht werden.

2. *Die* ISSENMANN - *Vorgarnmaschine und das Falzen feuchter Bänder*

a) Bandbildung

In Abb. 4c ist eine Vorgarnmaschine nach dem System ISSENMANN schematisch dargestellt. Der verdünnte, vom Knotenfang kommende

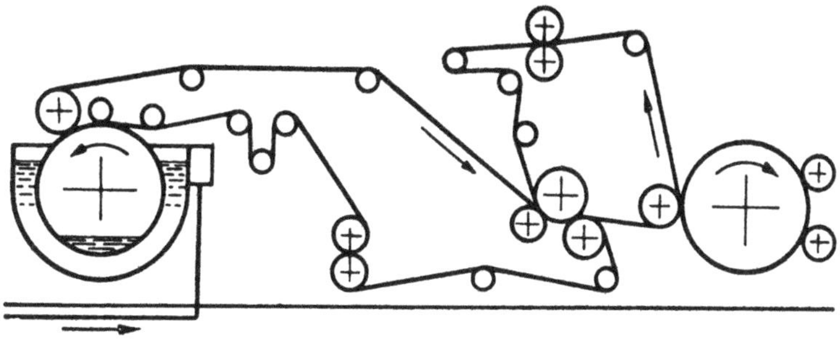

Abb. 4c. Vorgarnmaschine System ISSENMANN

[3] Zur ISSENMANN-Vorgarnmaschine vgl. S. 31 bis S. 40, zur TÜRK-Vorgarnmaschine mit großem Trockenzylinder S. 45 bis S. 48, zur TÜRK-Vorgarnmaschine mit verlängertem Obertuch S. 48 bis S. 49.

Stoff fließt dem Zylinderkasten zweckmäßig in einem Rohr unter dem Fußboden zu, damit die Maschinenbedienung den Entwässerungsprozeß gut übersehen und verfolgen kann.

Nach entsprechend guter Verteilung über die ganze Zylinderkastenbreite und die Regulierung füllt das Stoffwasser den Siebkasten an und setzt sich in Streifen[4] am Zylinder ab. Diese werden bei der Vorgautsch- und Gautschwalze vom Naßfilz übernommen und den Pressen zugeleitet. Der Entwässerungsprozess im Rundsiebkasten ist aus Abb. 5 zu ersehen. Er erfolgt im Gegenstromprinzip, d. h., der Stoff tritt auf der entgegengesetzten Seite der Zylindereintauchstelle in den Kasten ein, wird durch Schaumlatten, Klappen und Schieber reguliert, gleichmäßig über die gesamte Maschinenbreite verteilt und nach unten gedrückt. Er umläuft die entgegenkommende Zylinderoberfläche und setzt sich an der Eintauchstelle des Zylinders in die freien Siebstreifen auf.

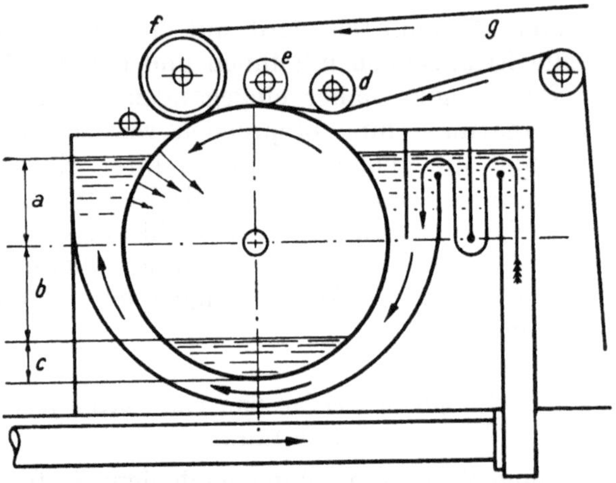

Abb. 5. Schema der Entwässerung am Streifenzylinder
a Entwässerungsperiode — b Filtrationsperiode — c Periode ohne Entwässerung — d Filzanpreßwalze — e Vorgautschwalze — g Naßfilz f Gautschwalze

Im Interesse eines gleichmäßigen Auflaufes über die ganze Breite der Maschine muß das Stoffwasser auf diesem Weg ruhig und ohne Wirbel gehalten werden. Richtiger Verdünnungsgrad ist hierbei Voraussetzung. Rührwerke würden die Längslagerung der Fasern in Richtung des Stofflaufes nur stören und sind zu verwerfen, denn die Längslagerung der Fasern ist der *entscheidende* Vorteil des Rundsiebes.

Die Hauptmenge des Stoffwassers durchfließt sofort an der Eintauchstelle des Zylinders die nicht abgedeckten Siebflächen. Hier tritt auch die Hauptentwässerung mit den meisten Faserverlusten im Abwasser ein. Das Abwasser durchfließt das Sieb nach dem Inneren und läuft aus dem Zylinder seitlich ab.

[4] Näheres zum Streifenzylinder S. 34.

Ehem. Zellulonfabrik Augsburg (Werbeschrift)

Tafel 5. Vorgarnmaschine (Vorder- und Seitenansicht)

Spalke u. Kluge, Augsburg

Da es sich nicht, wie an der Papiermaschine, um möglichst starke Stoffauflagen handelt, sondern sich die Stärke nach der zu erzeugenden Garn-Nummer und der Bandbreite richtet, kommen meist nur schwächere Stoffdicken in Frage. Vorteilhaft ist es, diese in den Grenzen von 25—45 g atro/m² zu halten und die Bandbreite diesen Stärken anzupassen, da hierbei die beste Entwässerung erfolgt. Zu starke Auflagen drücken sich unter der Pressung der Gautschwalze über die Deckstreifen hinweg zu einem zusammenhängenden Vlies, welches sich bei der Aufrollung schlecht oder überhaupt nicht trennen läßt. Der so gebildete, aufgelaufene Stoffstreifen gelangt nun mit dem sich drehenden Siebzylinder unter Verstärkung des hydrostatischen Druckes auf dem Weg a nach unten, wobei sich die weitere Entwässerung unter Verstärkung der Stofflage vollzieht.

Auf dem Wege b wird diese unter zunehmendem Druck fortgesetzt bis zur Höhe des Abwasserstandes im Inneren des Zylinders. In der Zone c findet keine Entwässerung statt. Die Blattbildung ist auf dem Wege bis zur tiefsten Eintauchstelle in das Stoffwasser beendet, also auf verhältnismäßig sehr kurze Zeit und auf kleinsten Flächenraum beschränkt. Je tiefer der Zylinder in das Stoffwasser eintaucht, desto mehr werden die feinen und feinsten Faserteilchen und Schleimfibrillen in den Faserfilm hineingefiltert, was die Qualität des gebildeten Bandes verbessert.

Diese Filtrierung ist ebenso wichtig wie die Blattbildung selbst und eine notwendige Ergänzung der Sieb-Arbeit. Da diese Blattbildung nur auf der Eintauchseite des Zylinders erfolgt und starke Auflage zur Erzeugung von Spinnbändern normalerweise nicht notwendig ist, so ist damit auch der Zylinderdurchmesser bestimmt.

Langwierige Versuche haben ergeben, daß größere Durchmesser als 1000 mm ausscheiden können, im Gegensatz zur Papierfabrikation, bei der zur Erreichung hoher Produktion und schnellerer Arbeitsweise starke Auflagen und Zylinder bis 2000 mm Durchmesser Verwendung finden.

Der beim Lauf bis zur unteren Stelle des Kastens an das Rundsieb angesetzte Stoff wird bei weiterer Drehung des Zylinders mit nach oben genommen. Auf diesem Weg tritt eine gewisse Egalisierung des Faserfilmes durch das Stoffwasser selbst ein. Die Fasern werden an der dem Stoffwasser zugekehrten Seite an der Oberfläche gerichtet und längs gelagert. An und für sich ist der Arbeitsgang an der hochgehenden Zylinderseite im Prinzip entgegengesetzt dem bisherigen. Die Bahn wird einem abnehmenden Druck ausgesetzt, der an der Austauchstelle des Zylinders aus der Flüssigkeit den kritischen Punkt erreicht.

Der Faserfilm muß hier schon soviel innere Festigkeit besitzen, daß er beim Auftauchen aus dem Stoff nicht zurückrutscht und damit die Struktur des gebildeten Bandes zerstört. Bei der geringen Stärke des gebildeten Films bietet dies bei dem Streifenzylinder keine Schwierigkeiten. Die Bändchen haften anstandslos am Zylinder.

Die Filzleitwalze d drückt den hier einlaufenden Naßfilz nach unten, damit er sich langsam und leicht auf die gebildete Bahn aufsetzt.

Die nun folgende Vorgautschwalze e und die Gautschwalze f pressen unter steigendem Druck weitere Flüssigkeit aus der Stoffbahn, sodaß der Naßfilz ein fertig gebildetes Bändchen vom Siebzylinder abheben und weiterführen kann.

Das abgepreßte Wasser läuft seitlich aus dem Filz heraus. Zu schwere Gautschwalzen zerdrücken die Bahn, weshalb für einstellbare Entlastung zu sorgen ist.

Der zulässige Höchstdruck richtet sich nach dem Stoff, der entwässert wird.

Eine Gautschwalze von 300 mm Durchmesser mit einer Lagerbelastung von 40 kg je Zapfen und mit einem Durchmesser der Vorgautschwalze von 150 mm ergaben für den 1000 mm-Zylinder die besten Verhältnisse.

Meist wird für die Gautschwalze Holz statt Gummi verwendet. Holzgautschwalzen sind leichter und billiger, und man kann sich bei deren Bewicklung besser dem Stoff anpassen, als es mit Gummi möglich ist.

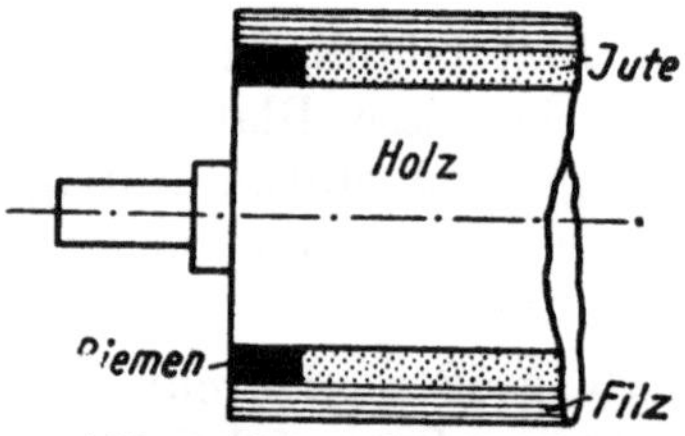

Abb. 6. Gautschwalzenbezug

Beiderseits legt man Riemenverstärkungen auf, wie Abb. 6 zeigt, der Zwischenraum wird mit Jute oder einem anderen weichen Stoff ausgefüllt und das Ganze mit gebrauchten Entwässerungsfilzen umwickelt. Bei sachgemäßer Bewicklung entspricht diese Art der Herstellung allen Anforderungen, die Walze ist gut elastisch und nimmt die Bänder anstandslos auf. Die Lebensdauer beträgt viele Monate und wird lediglich durch das Anfaulen der unteren Filzlagen nach längerer Betriebsdauer begrenzt. Zeigen sich schadhafte Stellen an der Bändchenaufnahme, so kann man sich durch einlaufende schmale Filzstreifen helfen, ehe Neubewicklung erfolgt.

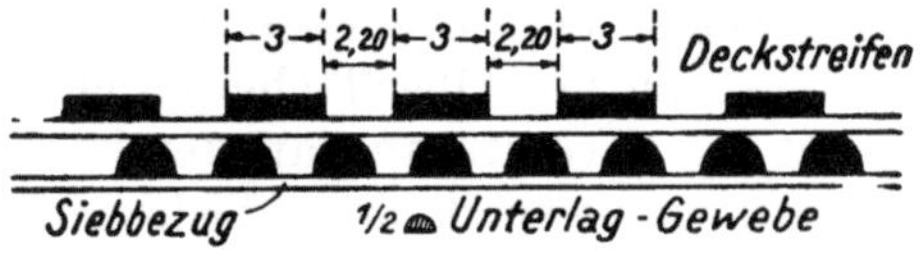

Abb. 7. Streifenzylinder-Bezug

Für die Streifenzylinder bestehen die verschiedensten Konstruktionen. Hier interessiert nur die Einrichtung für die Streifenbildung selbst, die aus Abb. 7 ersichtlich ist. Die starke Siebunterlage besteht aus Metallgewebe, auf welches das Metalltuch aufgezogen wird.

Die Deckstreifen sind durch nebeneinanderliegende, gegenseitig verlötete, feine Metalldrähte gebildet. Die zwischen den Deckstreifen liegenden offenen Siebstreifen nehmen den Stoff zur Entwässerung auf. Die Zylinder selbst erhalten durch die Deckstreifen große Stabilität und lange Lebensdauer. Besonderes Augenmerk ist im Interesse der Aufrollung darauf zu legen, daß die Deckstreifen seitlich nicht schwanken. Bei entsprechendem Spritzrohrdruck tritt normalerweise ein Versetzen nicht ein, und man kann monatelang damit arbeiten, ehe sich eine Zylinderreinigung durch Demontage notwendig macht. Bei Stillstand ist dafür zu sorgen, daß das Siebgewebe nicht eintrocknet, sondern stets feucht gehalten wird. Auch über Sonntag muß dies an heißen Tagen geschehen. Bei langem Stillstand ist der Zylinder innen und außen zu reinigen und durch mit Bürsten heiß aufgetragenen Weinstein (Cremor tartari) zu schützen. Grünspan und Rostbildung werden damit verhütet.

Die großen Schwierigkeiten durch Versetzen ganzer Zylinderteile, wie bei der Holzstoff-Entwässerung, treten nicht so leicht ein, wie überhaupt die Entwässerung und Abgautschung bei Einhaltung der obigen Vorschriften keinerlei Schwierigkeiten bietet. Derartige Sieb-Zylinder sind ein Jahr lang anstandslos gelaufen, und die absolute Lebensdauer dürfte noch wesentlich länger sein.

Durch Anschaltung eines zweiten Zylinders hatte man erwartet, die Produktion einer Maschine um 80—100% steigern zu können, was aber nicht der Fall ist. An und für sich erreicht man schon bei *einem* Zylinder Garne von Nm 1 und 1½, und das Bedürfnis nach noch stärkeren Garnen war seinerzeit nicht groß. Immerhin wird der zweite Zylinder für noch stärkere Sorten anzustreben sein. Das Aufeinandergautschen zweier gleich breiter Streifen von zwei hintereinanderliegenden Zylindern macht Schwierigkeiten. Die Streifen beider Zylinder müssen genau aufeinander passen und gegenseitig einstellbar sein. Bei der großen Anzahl der Bänder kann dies nur durch geringe seitliche Verschiebung des Zylinders, evtl. mit Kasten, um wenige Millimeter erreicht werden, was technische Schwierigkeiten bietet.

Genaueste Arbeit des Streifenzylinders und größte Aufmerksamkeit der Bedienung wäre hierbei Bedingung.

Hinzu kommt ferner noch, daß Naßfilze infolge der Regulierung und Spannung nie genau auf den Millimeter gerade laufen. Immerhin wäre dies alles kein Grund, den Doppelzylinder zu verwerfen, wenn die Produktion auch nur um 50—60% gesteigert werden könnte.

Die genaue gegenseitige Einstellung der Bänder beider Zylinder läßt sich ausgleichen durch das Aufgautschen von 8—10 mm breiten Bändern des einen Zylinders auf solche von 12—15 mm des anderen. Dies bedingt allerdings für den einen Zylinder breitere Deckstreifen und geringere Ausnützung, wie aus Abb. 8 zu ersehen ist.

Es sind also bei einer Doppelzylindermaschine besondere Bedingungen zu erfüllen, und außerdem werden durch die verschiedene Einstellung der Deckstreifenbreite Reservezylinder benötigt, die nur für eine bestimmte Garn-Nummer verwendet werden können und die Investitionen erhöhen.

Ein großer Vorteil ergibt sich allerdings aus den zwei aufeinander gegautschten Streifen. Die Festigkeit wird durch den gegenseitigen Ausgleich schwächerer Stellen in den einzelnen Bändern verbessert. Da man jedoch schon bei 15 mm breiten Streifen die stärksten Garn-Nummern herstellen kann, so wird man für diese vorteilhafter breitere Streifen mit schwächerer Stoff-Auflage wählen, um den Doppelzylinder mit seinen höheren Anforderungen zu vermeiden.

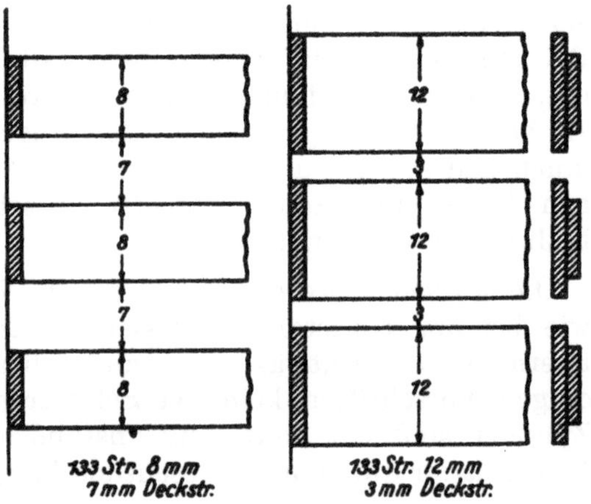

Abb. 8. Zweizylinder-Streifenaufnahme

Die Steigerung der Geschwindigkeit der Einzylindermaschine und damit der Produktion über das Übliche von 30—32 m/min ist auch eine Frage der Geschicklichkeit des Rollen-Abnehmers am Abnahme-Zylinder.

Unbegrenzt ist sie nicht, denn über 40 m/min geht die Aufnahmefähigkeit des Entwässerungszylinders je Einheit wieder zurück. Der Grund hierfür liegt in der zu schnellen Rotation des Zylinders im Stoff, welche ein langsames Ansetzen und Filtrieren der feinen Fasern in den aufgelaufenen Stoffilm nicht zuläßt. Es wird nur die an der Eintauchstelle des Zylinders sich schnell aufsetzende und mit fortgerissene Stoffschicht aufgenommen, welche die Siebmaschen infolge der hohen Durchflußgeschwindigkeit schnell versetzt.

Weiterer Stoffansatz hat keine Zeit zur Filtration und Verfilzung und gleitet wieder ab. Größere Zylinder von 2000 mm Durchmesser würden diesen Nachteil verringern, wie z. B. durch die hohen Produktionen amerikanischer Stoff-Entwässerungsmaschinen bewiesen wird.

Die Zweizylindermaschine käme nur für die schwersten Sorten, wie etwa für Kordel, in Frage und würde für diese Zwecke anzustreben sein.

Die Stoff- und Abwasserniveaudifferenz im Siebzylinder und damit der hydrostatische Druck, der die Entwässerung bewirkt, ist so hoch wie möglich zu halten, nicht um den Stoff dick auflaufen zu lassen, sondern

Ehem. Zellulonfabrik Augsburg (Werbeschrift)

Tafel 6. Vorgarnmaschine (Antriebsseite)

Spalke u. Kluge, Augsburg

um die feinen und feinsten Fasern in den gebildeten Stoff-Film hinein zu saugen und ihn als Filter zu benützen. Eine zu geringe Niveaudifferenz und Stoffkonsistenz erhöhen die Abwasser-Faserverluste ganz wesentlich. Andererseits darf das Stoffwasser dem Zylinder nicht zu dick zufließen, da der Stoff dann an der Zylinderauftauchstelle aus dem Stoffwasser zurückrutscht, sich der gesamte Stoffkasten eindickt und das Bändchen zerstört. Eingedickter Stoff muß als Ausschuß herausgearbeitet werden, bis die richtige Stoffverdünnung wieder eingetreten ist.

Als Spritzwasser für die Reinigung der Zylinder kann Abwasser verwendet werden, nur ist Umstellung auf Frischwasser bei Versetzung einzelner Streifen notwendig.

Bei dem zur Entwässerung kommenden reinen Zellstoff werden für das Entwässerungssieb feinste Nummern bis Nr. 70 verwendet. Ein Zusammenlaufen der Bänder findet bei 3-mm-Deckstreifen nicht statt, und so ist es möglich, bei 2000 mm Siebzylinderbreite 400 Streifen von 2 mm Breite herauslaufen zu lassen.

Um die Frage der Bandbildung erschöpfend zu behandeln, sei hier noch erwähnt, daß bei Mischgarnen dem Zylinder die entsprechend vorgearbeitete Mischfaser mit Zellstoff vermengt und verdünnt zufließen oder als fertiges Vlies auf der Vorgarnmaschine mit einfließen kann.

Beides kompliziert aber die Maschinenarbeit derart, daß die Beigabe der Mischfaser in einer späteren Arbeitsstufe auf der Spinnmaschine vorzuziehen ist. Jede Komplizierung am Streifenzylinder sollte im Interesse ausschußfreier Fertigung vermieden werden.

Für die Erzeugung von Mischgarnen bieten sich demnach vier Möglichkeiten:

1. Gemeinsame Verarbeitung im Holländer, was jedoch eine schlechte Ausnützung der Holländeranlage mit sich bringt.
2. Bearbeitung der verschiedenen Fasern in getrennten Holländern, wobei Mischholländer eingeschaltet werden müssen.
3. Einführung der vorgearbeiteten Mischfaser an der Vorgarnmaschine, was langsameren Gang und damit geringere Produktion mit sich bringt und eine entsprechende Mischvorrichtung bedingt.
4. Zusammenführung der verschiedenen Faserbänder an der Spinnmaschine.

Alle vier Arbeitsprozesse sind praktisch möglich, den besten Erfolg brachte die vierte Art.[5]

Der Naßfilz, der die einzelnen Bänder an der Gautschwalze abnimmt, muß gut aufnahmefähig, wasserdurchlässig, sehr widerstandsfähig und

[5] Vgl. S. 57.

von geschlossener Oberfläche, also nicht markierend, sein. Es wurden Wollfilze feinster Qualität in den Stärken von 650—750 g/m² verwendet. Saugkästen oder Saugwalzen entfallen am besten, da es sich um die Abnahme nur dünner Stofflagen handelt und der Filzfaserverlust durch die Absaugung in keinem Verhältnis zu der angestrebten Entwässerungserhöhung steht. Der Naßfilz durchläuft dann mit dem Obertuch und den dazwischen liegenden Bändchen die Presse, um gereinigt durch die Filzwäsche sowie reguliert und gespannt zum Siebzylinder zurückzukehren und neu aufzunehmen. Das Auswaschen des Naßfilzes sollte durch Frischwasser erfolgen. Die Umfangsgeschwindigkeit des Filzschlägers in der Wäsche ist der Filzgeschwindigkeit gleich, und der Strahl des Spritzwassers soll den Naßfilz nur eben durchdringen.

Das Obertuch nimmt das Bändchen vom Naßfilz ab und gibt es bei der Issenmann-Vorgarnmaschine an den Abnahmezylinder zur Aufrollung oder bei der Türk-Vorgarnmaschine an den großen Abnahme- und Trockenzylinder mit Nitschelwerken bzw. an die Obertuchnitschelwerke ab. Der Arbeitsgang der beiden Systeme scheidet sich hier.

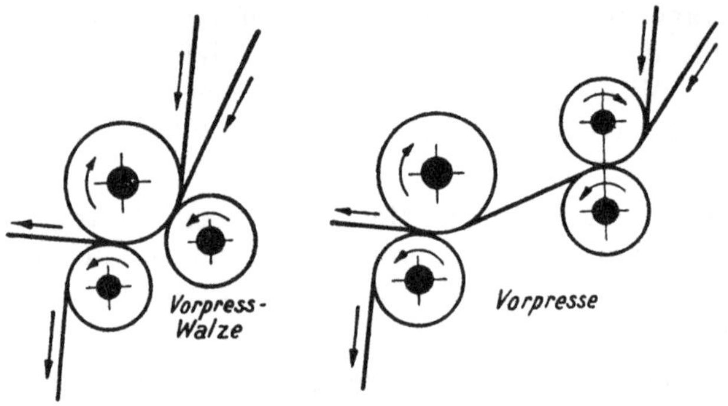

Abb. 9. Dreiwalzenpresse und Doppelpresse der Vorgarnmaschine

Beim Anlassen neuer Obertücher treten die bekannten Schwierigkeiten auf, da bei der großen Streifenzahl die Neigung zum Hängenbleiben in den ersten Arbeitsstunden besonders groß ist und durch Kalken und andere Hilfsmittel beseitigt werden muß. Neuerdings entfällt dieser Übelstand durch die Imprägnierung und entsprechende Präparierung der Obertücher. Als Material für Obertücher hat sich gleichfalls Wolle in der Stärke von 1400—1600 g/m² gut bewährt. Ein solches Tuch läuft anstandslos monatelang. Auch Baumwoll-Obertücher wurden erprobt.

Um den Unterschied des erreichten Trockengehaltes der Bänder festzustellen, ist mit den verschiedensten Sorten gearbeitet worden. Wolle wie Baumwolle haben den Nachteil, daß nach dem Einlegen nicht sofort mit dem notwendigen Trockengehalt von mindestens 34% gerechnet werden kann, sondern daß sich die Tücher erst einlaufen müssen. In den ersten Tagen ist deshalb erhöhter Pressendruck notwendig.

Baumwoll-Tücher ergeben den Trockengehalt von 34% zwar schneller, eine weitere Erhöhung tritt aber dann nicht mehr ein, während Woll-Obertücher im Laufe der Zeit allmählich auf 36—38% hinaufgehen.

Die Abpressung der Filze mit den dazwischen gelagerten Bändern muß in der Naßpresse so hoch wie möglich getrieben werden und ist aus Abb. 9 zu ersehen.

Der Trockengehalt wird allerdings durch die dritte Walze im Dreiwalzen-System nicht wesentlich erhöht, doch werden hierbei die Filze geschont. Auf jeden Fall ist die Erzielung des höchsten Trockengehaltes durch stärkste Pressung anzustreben. Eine Doppelpresse, wie in Abb. 10 gleichfalls angegeben, würde günstigere Ergebnisse zeitigen.

Bei der Dreiwalzen-Presse muß bei 34—37% Trockengehalt mit sehr hohen Pressendrucken gearbeitet werden, die sich je Walzenzapfen auf 3—5000 kg stellen, wobei sich für die Gummiwalzen ein Lineardruck von 12—21 kg/cm ergibt, der gleichfalls zu hoch ist.

600 kg/cm Zapfenlager-Belastung ist normal und zulässig und gibt keine Schwierigkeiten.

An und für sich ist das gemeinsame Auspressen des Naßfilzes mit

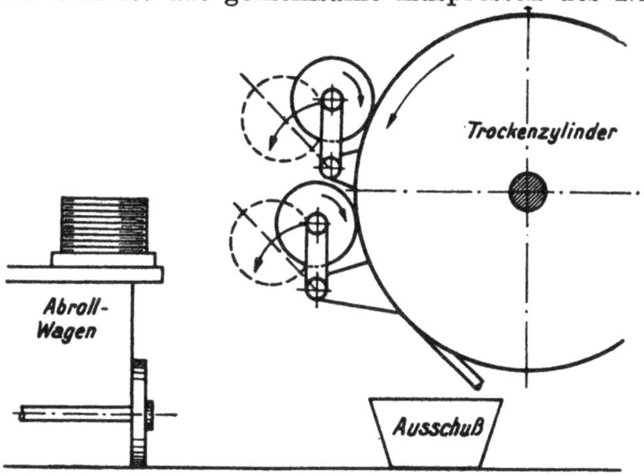

Abb. 10. Streifenabnahme von der ISSENMANN-Vorgarnmaschine mit Blockrollenabfuhr

dem Obertuch und den nassen Bändern kein Idealzustand. Wenn es gelingt, durch eine andere Band-Überführung zum Abnahmezylinder das Obertuch ganz in Wegfall zu bringen, so wäre außerordentlich viel gewonnen. Die Bänder lösen sich an der Presse vom Naßfilz, bleiben am Obertuch haften und werden von diesem an den Abnahmezylinder abgegeben und dort aufgerollt. Die Rollenabnahme in zwei Abteilungen, versetzt angeordnet, wie in Abb. 10 angegeben, gestattet bei 1000 mm Durchmesser eine leichte Abnahme.

Die am Zylinder haftenden Bändchen werden mit der Hand abgezogen und wickeln sich um eine Holzrolle mit Blechhülse zu einem Block von 6—20 Scheiben bei rd. 200 mm Durchmesser auf; je nach

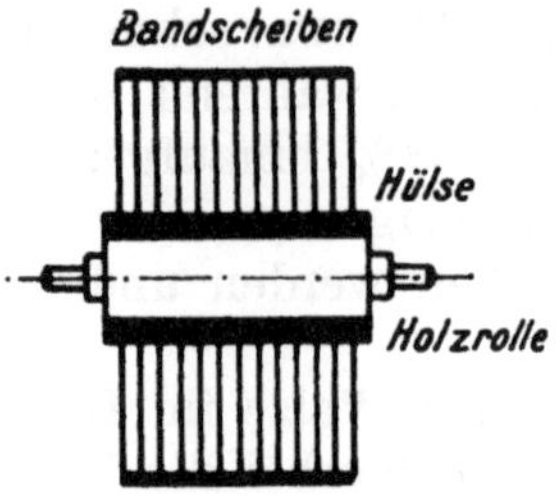

Abb. 11
Bandscheibenblock

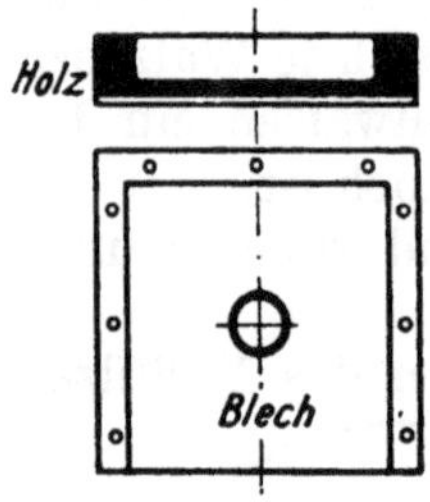

Abb. 12. Scheibenblock-Transport-Teller

der Bandbreite, die gearbeitet wird. Ein aufgerollter Block ist aus Abb. 11 zu ersehen. Sind die Rollen genügend groß gewickelt, so wandert der Scheibenblock mit der Blechhülse auf dem in Abb. 12 angegebenen Blechteller nach dem Lagerraum oder direkt nach der Spinnmaschine. Die Holzrollen bleiben zur weiteren Verwendung an der Maschine. Bei dem Gebrauch dieser Teller ist der Ausschuß sehr gering, denn die empfindlichen Bändchen werden nicht angegriffen und sind vor jeder Beschädigung geschützt. Eine Abnehmerin hat bei 32—35 m Geschwindigkeit in der Minute und bei Bedienung von 2 Vorgarnmaschinen 28 aufgerollte Blocks in der Minute abzunehmen, wenn der Weitertransport automatisch oder durch andere Kräfte erfolgt.

Besondere Schulung ist hierfür nicht erforderlich. Mit der Abnahme des Bandblocks von dem Abnahmezylinder der Vorgarnmaschine ist der erste Arbeitsgang nach dem Issenmann-Verfahren beendet. Es ergibt sich als Endprodukt ein feuchtes, zu einem Scheibenblock aufgewickeltes Bändchen mit einem Trockengehalt von 35—37 % atro, welches auf dem Transportteller nach dem Lager oder der Spinnmaschine abtransportiert wird.

b) Falzen und Kreuzspulen

Das Falzen der von der Vorgarnmaschine kommenden Bänder hat sich nicht eingeführt, es ist wenig wirtschaftlich, erschwert die Erzielung wohlgerundeter Garne, auch lassen sich durch gute Nitschelung festere Garne erzielen als durch Falzung. Um einen lückenlosen Einblick in die Erfahrungen bei der Herstellung der Papierstoffgarne zu gewähren, soll jedoch auch das Falzen nicht übergangen werden.

Man war auf das Falzen gekommen, um den feuchten Bändern einen besseren Zusammenhalt, eine gewisse Rundung und größeren Widerstand gegen die Zug- und Drehbeanspruchung beim Spinnen zu geben. Die Bandränder sollten gefestigt und damit das seitliche Einreißen verhindert werden. Vor allem aber sollte den Bändern durch Kreuzspulen eine bessere Transportmöglichkeit zu den Spinnereien gegeben werden.

Der einfache Falzprozeß konnte diesen Anforderungen aber nur sehr unvollkommen und zum Teil überhaupt nicht entsprechen. Wohl tritt beim Falzen mehr oder weniger ein Zusammendrücken der Bänder ein, von einer gleichmäßigen Formgebung durch Falzen kann aber bei dem empfindlichen Material keine Rede sein. Es gelingt nicht, das Band in eine wirklich günstige Form zu bringen. Ein zu weiter Falzer ist zwecklos, eine zu beengende Öffnung setzt dem Band einen zu großen Widerstand entgegen, und es reißt ab.

Bei trockenen Papierstreifen wird man natürlich andere Ergebnisse buchen können. Bei feuchten Stoff-Bändern aber wurden die verschiedensten Falzer aus Eisen, Aluminium, Glas, Porzellan und Horn mit den verschiedensten Lochformen, Schlitzen, Gabeln, Schlingen usw. erprobt, ohne einen tatsächlichen Erfolg damit zu erzielen. Geschlossene Falzer sind wegen der Schwierigkeiten des Einfädelns ganz unbrauchbar.

Wo trotz aller Unzulänglichkeiten beim Falzen geblieben werden mußte, nahm man als Loch- bzw. Schlitzweiten bei Garnen der metr. Nummer 1—2 2 mm, bei Nm 3—5 1—1,5 mm, bei Nm 6—10 1 mm. Bei noch feineren Sorten versagen die Falzer; schon bei den genannten Stärken ist der Ausschuß hoch, so daß sich bei höheren Nummern das Falzen schon aus wirtschaftlichen Gründen völlig verbietet.

Das Falzen und Spulen verläuft folgendermaßen: Die Rollenblocks werden der Falzmaschine vorgelegt und nach oben durch den Fadenführer und Falzer über die Antriebswelle der Kreuzspule zugeführt, wie aus Abb. 13 zu ersehen ist. Dies erfordert von der Falzerin eine gewisse Fingerfertigkeit, und die spielerische Arbeit auf beschränktem Raum gegenüber einer Partnerin ist nicht dazu angetan, die Leistung und Zuverlässigkeit zu erhöhen.

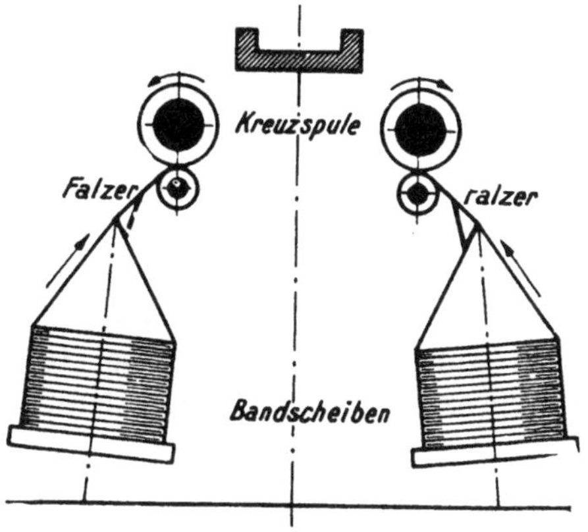

Abb. 13. Schema des Falzens und Kreuzspulens

Meist mußte festgestellt werden, daß durch die Falzerei erst der Ausschuß in die bis dahin einwandfreien Rollen hineingetragen und unverhältnismäßig erhöht wurde.

Der ganze Falzprozeß verbessert das Produkt nicht, sondern belastet die Kalkulation durch Löhne, Hülsenverbrauch und Ausschuß in einer Weise, die nicht zu rechtfertigen ist. Aus der nachfolgenden Tabelle II sind die Löhne und die sonstigen Daten für 1 kg Vorgarn atro zu ersehen.

Tabelle II
Leistung einer Kreuzspulmaschine für gefalzte Bänder

Garn-Nummer Nm m/g	Leistung einer Falzerin		Streifenbreite in mm	Papierstärke g/m	Geschwindigkeit m/min	Arbeitslohn je kg Vorgarn atro M
	kg je Std.	kg in 24 Stdn.				
1½	35	840	15	44,4	140	0,065
3	20	480	8	41,6	150	0,113
4	8	192	5	35,0	120	0,281
6	1,6	40	5	33,3	100	1,400
8	0,5	12	4	30,0	80	4,500
10	0,4	10	3	27,7	70	5,620

Eine Kreuzspulerin bedient durchschnittlich 9—10 Spindeln. Bei Nm 4 hatte sie z. B. mit 5—6 Spindeln und 120 m Fadengeschwindigkeit in der Minute mit Einsetzen, Fadenbruch und Wechsel vollauf zu tun. Die beste Leistung stellte man in einem Werk fest, in dem vier eingearbeitete Spulerinnen mit je 10 Spindeln die Produktion einer Vorgarnmaschine von 1500 mm Arbeitsbreite, die mit 20 m/min lief und Nm 12 arbeitete, wegspulten.

Die oben angegebenen Leistungen wurden verschiedenen Betrieben entnommen, die nach System Issenmann arbeiteten.

Je feiner die Garn-Nummer ist, die gearbeitet wird, desto geringer ist infolge wachsenden Ausschusses die Leistung, und um nur ein einigermaßen günstiges Ergebnis zu erzielen, muß mit der Arbeitsgeschwindigkeit der Falzmaschinen heruntergegangen werden. Trotzdem wachsen die Löhne bei Garnen über Nm 10 derartig, daß der Falzprozeß für noch feinere Nummern ausscheiden muß.

Der Hülsenverbrauch stellt sich infolge des feuchten Materials sehr hoch. Das Aufrollen des gefalzten Bändchens erfolgt auf imprägnierte Papphülsen. Bei eingetretener Spulengröße von rd. 200 mm Durchmesser schaltet sich die weitere Aufwickelung selbsttätig aus. Die Spule enthält dann ungefähr 200 g Trockensubstanz. Infolge der schlechten Kriegsimprägnierung konnten die Papphülsen nur 2,8 mal wiederverwendet werden, sie waren dann vollkommen durchweicht und unbrauchbar und hatten nur noch Altmaterialwert.

Der Preis betrug bei 50 mm innerem und 60 mm äußerem Durchmesser und 50 mm Breite 0,02 M/Stück.

Die Kosten der Kreuzspulerei stellten sich für 2 Vorgarnmaschinen von je 2000 mm Arbeitsbreite, wie aus der nachfolgenden Tabelle III zu ersehen ist:

Tabelle III

Hülsenverbrauch an der Kreuzspul- und Falzmaschine

Garn-Nm m/g	$1^1/_2$	3	4	6	8
Produktion/24 Stdn. kg	6540	5848	5296	3010	1608
Hülsenbedarf St.	32700	29240	26480	15050	8040
Wirklicher Hülsenverbrauch St.	11680	10450	9450	5370	2874
Hülsenkosten M	233	269	189	107	58
Hülsenpreis/kg	3,55	3,55	3,55	3,55	3,55
Arbeitslohn/kg	0,065	0,113	0,281	1,40	4,50
Gesamtkosten für 1 kg Vorgarn	3,615	3,663	3,831	4,95	8,05

Hierbei sind Amortisation, Kraftverbrauch, Ausschußanfall und Betriebsmittel nicht eingerechnet. Der Ausschußanfall zeigt sich erst an der Spinnmaschine. Der Falzerlohn wurde mit 2,25 M in der Stunde eingesetzt. Die Vorgarnmaschinen arbeiteten in 3 Schichten zu je 8 Stunden, während die Spulmaschinen nur 8 Stunden/Tag in Betrieb waren, um den Ausschuß herabzudrücken.

Die gesamte Falzerei war nur eine Notlösung, da die Weiterverarbeitung des Fadens im Nitschelsystem nach Türk wegen der fehlenden Nitschelhosen nicht durchgeführt werden konnte. Erst am Kriegsende konnte dies geändert werden.

Kreuzspulen wurden aber wegen des Transportes nach örtlich getrennten Werken verlangt, so daß die hohen Kosten der Falzerei in Kauf genommen werden mußten. Die Kreuzspulerei ist auf jeden Fall zu teuer und zu unkontrollierbar und verschlechtert durch die vielen Abrisse nur den Wert des Garnes, weshalb davon Abstand genommen werden muß. Wurden die Bandblocks ohne Zwischentransport an der Erzeugungsstelle selbst verarbeitet, so ließ man die Falzerei ohnehin gewöhnlich fallen, und die Blocks wurden der Spinnmaschine ungefalzt vorgelegt.

3. *Die* Türk-*Vorgarnmaschinen und das Nitscheln feuchter Bänder*

Wenn man, wie oben beschrieben, die von der Issenmann-Vorgarnmaschine kommenden Streifen falzt und aufspult, so vollzieht sich der Arbeitsgang von der Zellstoff-Aufschwemmung über die Bildung feuchter Streifen bis zur Gewinnung spinnfertiger Bänder praktisch in zwei getrennten Arbeitsprozessen. Demgegenüber verfolgt die Arbeitsweise mit Hilfe der hier zu besprechenden Türk-Vorgarnmaschinen das Ziel, ohne Falzen in einem einzigen mehr oder weniger geschlossenen Arbeitsprozeß zu spinnfertigen Vorgarnen zu gelangen. Zu dem Zweck läßt man auf diesen Türk-Vorgarnmaschinen zunächst — wie bei der Issenmann-Vorgarnmaschine — aus der Stoff-Aufschwemmung auf dem Rundsieb nasse Stoffstreifen entstehen, die der Naßfilz und von diesem das Obertuch übernimmt. Nun aber werden die Streifen entweder nach einer Vortrocknung auf einem großen, heizbaren Zylinder oder direkt von einem verlängerten Obertuch darunter befindlichen Nitschelwerken zugeführt und schließlich kreuzgespult. Das wesentliche Merkmal der Arbeitsweise nach System Türk ist also, daß sich an Streifenbildung und Entwässerung unmittelbar ein *Nitscheln* anschließt.

Das *Nitscheln* (Würgeln) läßt sich mit dem Zusammenrollen einer weichen Masse zwischen den Handflächen vergleichen. Technisch wird es so durchgeführt, daß endlose Bänder aus Leder, Gummi o. ä., die um Walzen gelegt sind (Nitschelhosen), gewissermaßen die Rolle der Handflächen übernehmen. Beim Nitscheln der feuchten Stoffstreifen werden die fasrigen Ränder des Streifens nach der Mitte zu eingerollt und die äußeren Faserstränge längs gerichtet, es erfolgt eine Rundung und Streckung, eine Verdichtung und Egalisierung.

Für die Weiterentwicklung des Naßspinnverfahrens war maßgebend, daß das Nitscheln der feuchten Stoffstreifen eine bessere Vorbereitung auf das Spinnen darstellt als das Falzen. So erwiesen sich auch die Festigkeitswerte genitschelter Garne als etwas günstiger als die der gefalzten, wie aus den folgenden Zahlen zu ersehen ist, die eine etwa 8%ige Erhöhung der Reißlänge belegen:

Unterschiede gefalzter und genitschelter Garne

	gefalzte Garne	genitschelte Garne
Ermittelte metrische Nummer	1,582	1,621
Bruchfestigkeit minimal	3,89 kg	4,31 kg
Bruchfestigkeit maximal	4,46 kg	4,38 kg
Bruchfestigkeit durchschnittlich	4,10 kg	4,32 kg
Reißlänge minimal	6160 m	6990 m
Reißlänge maximal	6450 m	7090 m
Reißlänge durchschnittlich	6300 m	7000 m

Um gute Resultate zu ergeben, muß der Trockengehalt der zu nitschelnden Stoffstreifen aber etwas höher liegen, als es für ein Falzen nötig ist, und die Nitschelwerke müssen zweckentsprechend konstruiert und in tadellosem Zustand sein. Zu feuchte oder zu hoch getrocknete Stoffstreifen machen das Nitscheln unmöglich oder ergeben zu viel Ausschuß, auch hat sich der Trockengehalt nach der beabsichtigten Garn-Nummer zu richten. Als Material für die Nitschelhosen eignet sich Leder besser als Gummi, falls die Narbe nach außen gekehrt und die endlose Verbindung ohne auftragende Nähte einwandfrei vorgenommen wird.[6]

[6] Die Oberfläche der Nitschelhosen muß zwar rauh, aber frei von allen Ungleichmäßigkeiten (Erhebungen, Verdickungen usw.) sein. Ungleichmäßiges Nitscheln führt zu Fadenbrüchen beim Nitscheln oder beim anschließenden Spinnen. Vgl. F. Frisch [19, S. 3108].

Da die Konstruktion und Arbeitsweise der TÜRK-Vorgarnmaschinen der bereits besprochenen ISSENMANN-Vorgarnmaschine bis auf die besonderen Anpassungen an die Arbeit der Nitschelwerke und diese selbst weitgehend entspricht, braucht bei der Betrachtung der Vorgarnmaschinen nach TÜRK nur noch auf eben diese Besonderheiten eingegangen zu werden.

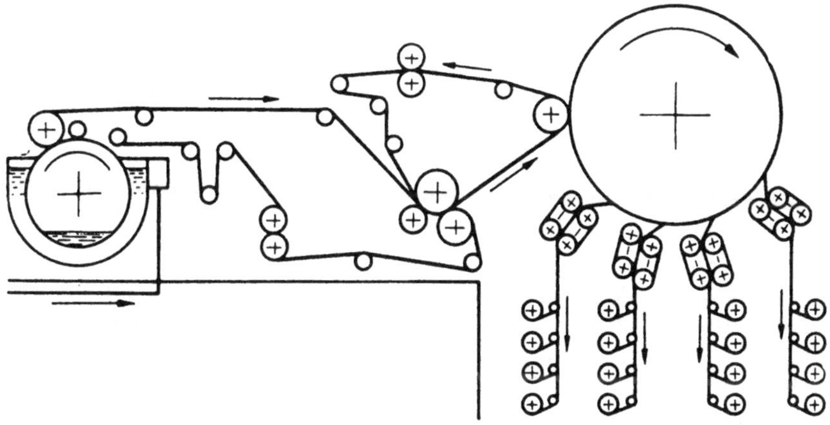

Abb. 14. Vorgarnmaschine System TÜRK mit großem Abnahmezylinder und vier Nitschelwerken

a) TÜRK-Vorgarnmaschine mit großem Trockenzylinder

In Abb. 14 ist schematisch eine TÜRK-Vorgarnmaschine mit großem Trockenzylinder dargestellt. Ein Vergleich mit Abb. 4c zeigt deutlich, wie auf dieser TÜRK-Maschine die Bildung der Stoffstreifen und ihre Weiterführung bis zur Übernahme auf das Obertuch den entsprechenden Vorgängen auf der ISSENMANN-Vorgarnmaschine im Prinzip durchaus gleicht. Vom Obertuch werden die Bänder durch eine Anpreßwalze aus Gummi an den großen Trockenzylinder (Durchmesser 2 bis 2½ m) übergeben, von dem die Bänder abgenommen, den eng darunter angebrachten Nitschelwerken zugeführt und danach sogleich in Kreuzspulform[7] aufgewickelt werden.

Durch Beheizen des großen Zylinders mit Dampf lassen sich bei den Bändern Trockengehalte von 38—45% erzielen. Bei derartigen Trockengehalten können an sich auch feinere Bänder, wie etwa für Nm 12—18, genitschelt werden. Doch auch ohne besonderes Anwärmen befördert der große Zylinder die Verdunstung des Wassers in den feuchten Bändern, und so hat man, je nach den herzustellenden Garn-Nummern und den anderen Arbeitsanforderungen, auch mit

[7] Man verwendete beispielsweise mit Blechmänteln überzogene Holzspulen und wickelte zu kurzen Kreuzspulen von etwa 125 mm Durchmesser und 60 mm Höhe auf (F. FRISCH l. c.).

einem Arbeiten auf unbeheiztem Zylinder Erfolge verzeichnen können. Es handelt sich darum, das jeweilige Optimum an Trockengehalt zu erzielen, wie es die anschließenden Arbeitsgänge des Nitschelns und Spinnens verlangen.

Die auf dem großen Zylinder vorgetrockneten Bänder werden mit der Hand abgenommen. Überführungs- oder Zubringerschutzwalzen müssen entfallen, da die feuchten Bänder daran hängenbleiben. Bei vier Nitschelwerken unter dem Zylinder muß die Spulerin beim Anlassen jedes vierte Bändchen mit der Hand vom Zylinder abnehmen und den Nitschelhosen zuführen. Sie hat dazu von ihrer Arbeitsstelle an den Spulen zum Zylinder hochzusteigen, was infolge der räumlichen Beengung durch die vier Nitschelwerke erschwert und bei Beheizung des Zylinders auch nicht ganz ungefährlich ist. Versuche mit nur zwei Nitschelwerken an einem Trockenzylinder von 1000 mm Durchmesser fielen negativ aus.

Aber auch die Arbeit mit vier Nitschelwerken unter einem großen Trockenzylinder führte nicht zu vollkommen befriedigenden Resultaten. Die großen, schweren, ungefügen Nitschelwerke dieser TÜRK-Maschine mußten notwendigerweise sehr viel Ausschuß ergeben.

Das Nitscheln der feuchten Bänder, besonders in direktem Anschluß an den Abnahmezylinder der Vorgarnmaschine, stellt eine technisch nicht leicht zu lösende Aufgabe dar. Zu ausreichender Rundung und Streckung beim Nitscheln ist erforderlich, daß jeder Punkt des zu nitschelnden Bandes mindestens viermal von der Nitschelhose erfaßt wird; zudem verlangt eigentlich jedes einzelne Bändchen eine besondere und genaue Einstellung, um wirklich gut genitschelt und nicht verdrückt zu werden.

Die maschinenbreiten, 3 mm dicken Nitschelhosen auf schweren Eisenwalzen von 140—150 mm Durchmesser bei 550—580 mm Rollenmittenentfernung und 2000 mm Breite, wie sie hier ohne Mittenlagerung und ohne Möglichkeit einer besonderen Geschwindigkeitsregulierung in Anwendung gebracht wurden, konnten den Anforderungen nur unzureichend gewachsen sein. Selbst bei aufmerksamster Bedienung ließ sich der Ausschuß-Prozentsatz nicht entscheidend senken. Fadenbrüche konnten bei den dauernd fortlaufenden Bändern nicht durch Anknüpfen überbrückt werden und liefen in die Kreuzspulen ein. So war schließlich auch bei diesem Verfahren der Herstellung feinster Sorten – wie beim Falzen nach dem ISSENMANN-Verfahren – praktisch eine Grenze gesetzt, wenn diese hier auch etwas höher liegt als beim Falzen.

Anfangs gab man den Nitschelhosen 12—15 seitliche Hübe je Meter Banddurchlauf, wobei man bei einer Arbeitsgeschwindigkeit von 35 m/min auf 420—525 Hübe/min kam. Dabei erhielt man wohl einen gut gerundeten Faden, die große Hubzahl brachte aber durch

Massenschwingungen eine störende Unruhe in die Maschine. Dieser Übelstand ließ sich nur dadurch beseitigen, daß man auf eine Hub-Anzahl von 220/min herabging, was immer noch hoch ist, aber den Anforderungen wenigstens einigermaßen entsprach.

Es liegt auf der Hand, daß kleinere, schmale Nitschelhosen, für jeweils nur wenige Bänder eingerichtet, befriedigendere Resultate ergeben würden, da sie sich dem ganzen Arbeitsgang und der Eigenart der feuchten Bänder besser anpassen lassen. In der Kammgarnspinnerei dienen dem Nitschelprozeß kleine Nitschelhosen auf Holzwalzen von 120 mm Breite und 70 mm Durchmesser bei 180 mm Rollenmittenentfernung. Bei seitlichen Hüben von 25 mm nitscheln sie nur *einen* Faden, der noch dazu bei weitem nicht so empfindlich ist wie das feuchte Papierstoffbändchen. In Abb. 15 sind derartige Nitschelhosen im Vergleich mit den schweren Nitschelhosen der TÜRK - Vorgarnmaschine dargestellt. Eine Verwendung solcher leichter Nitschelwerke bei der TÜRK-Vorgarnmaschine ist technisch fast undurchführbar und würde zu einer großen Komplizierung führen. Die Kreuzspulerinnen haben hier schon ohnehin unter ungünstigen Verhältnissen, auf beschränktestem Raum und gegebenenfalls bei stark erhöhter Temperatur zu arbeiten. Notgedrungen mußte man deshalb bei den schweren, breiten Nitschelhosen bleiben und den hohen Ausschuß-Prozentsatz in Kauf nehmen, der sich nur durch sorgsamstes Arbeiten und durch Senkung der Maschinengeschwindigkeit auf Kosten der Produktion in Grenzen halten ließ.

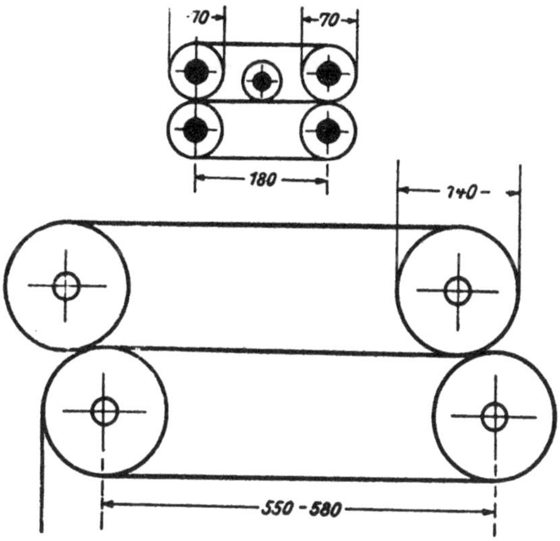

Abb. 15. Nitschelwerke der Kammgarnspinnerei und der TÜRK-Vorgarnmaschine

Aus allem ergibt sich, daß die Nitschelung auf den schweren Nitschelwerken im Anschluß an den großen Trockenzylinder bedeutende Schwierigkeiten mit sich brachte. Diese Schwierigkeiten wurden aber im Betrieb überwunden, sodaß mehrere Maschinen dieses Systems noch über den ersten Weltkrieg hinaus arbeiteten.[8] Das Produkt ist ein feuchter, genitschelter und gestreckter Faden von 40—65% Trocken-

[8] Vgl. F. FRISCH [19], der in erster Linie seine Erfahrungen mit dieser Vorgarnmaschine darlegt.

gehalt,[9] auf Kreuzspulen gewickelt, der sich gut zum Verspinnen eignet. Die Produktion wird jedoch durch den hohen Ausschuß-Prozentsatz stark belastet.

b) TÜRK-Vorgarnmaschine mit verlängertem Obertuch

Die TÜRK-Vorgarnmaschine mit verlängertem Obertuch, wie sie in Abb. 16 schematisch dargestellt ist, läßt sich als ein Versuch auffassen, den Nitschelprozeß zu verbessern und die Arbeitsbedingungen

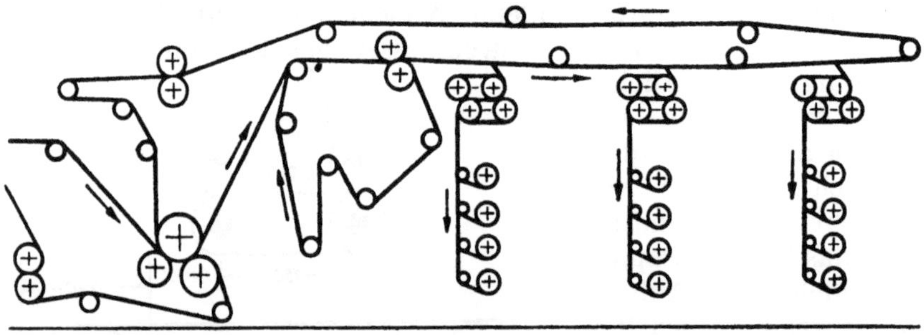

Abb. 16. Vorgarnmaschine System TÜRK mit verlängertem Obertuch und drei Nitschelwerken

der Spulerinnen zu erleichtern. Dabei sah man von der Verwendung eines großen Trockenzylinders ab, verlängerte das Obertuch um einige Meter und ordnete die Nitschelwerke mit den Kreuzspul-Einrichtungen darunter an. Da nur drei Nitschelwerke angebracht sind, wird die Bedienung einfacher, übersichtlicher und leichter kontrollierbar. Mit dem Wegfall des großen, hitzestrahlenden Zylinders wird eine Gefahren-

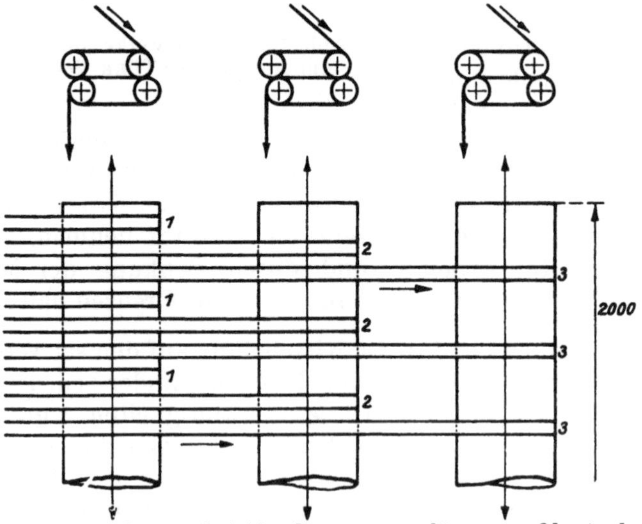

Abb. 17. Nitschelung bei Abnahme vom verlängerten Obertuch

[9] Bei unbeheiztem Trockenzylinder ergeben sich niedrigere Trockengehalte.

quelle beseitigt und die Einführung der Bänder in die Nitschelwerke erleichtert. Jedes dritte Bändchen wird von der Spulerin mit der Hand vom Obertuch abgenommen, fällt dem Nitschelwerk zu und wird schließlich aufgespult, wie Abb. 17 und 18 deutlich machen.

Wenn bei Fortfall des großen Trockenzylinders die feuchten Bänder nur durch die Preßwalzen abgepreßt den Nitschelwerken zulaufen, ist jedoch der so zu erreichende Trockengehalt von 24—26% zu gering. Es zeigte sich bald, daß bei diesen niedrigen Trockengehalten die Nitschelung versagte, und es mußten weitere kostspielige Um- und Einbauten vorgenommen werden, auf die hier im einzelnen nicht eingegangen werden kann.

Der Einbau einer zweiten Presse, der Einbau zweier Filzsauger und eines Trockenzylinders in das Obertuch erbrachten 30% Trockengehalt, was für die Nitschelung notdürftig, nicht aber für das Spinnen genügte. Dabei wurden Pressen und Filze einer Beanspruchung ausgesetzt, der sie auf die Dauer nicht standzuhalten vermögen. Auch ein Arbeiten bei geringeren Geschwindigkeiten war ohne Erfolg. Naßfilz und Obertuch saugen sich vor den Pressen und in den Wäschen immer wieder mit Preßwasser voll, so daß selbst ein Trockenzylinder mit hohen Temperaturen nicht in der Lage ist, die bei jedem Umlauf von neuem aufgenommenen Wassermengen zu verdunsten. Auch fallen die Filze bei derartiger Beanspruchung nach kurzer Zeit auseinander.

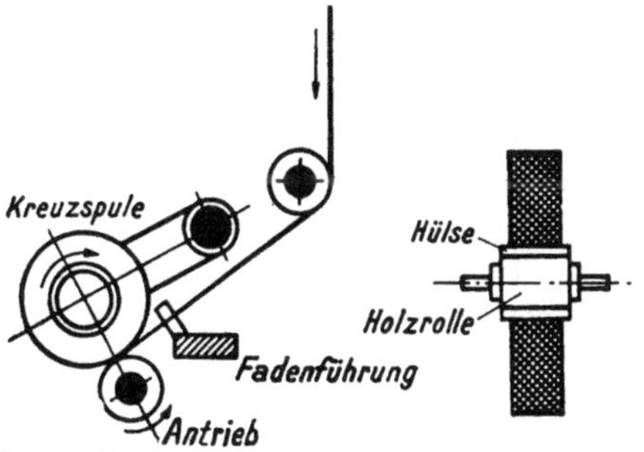

Abb. 18. Kreuzspule mit Kreuzspulaufrollung

Höherer Trockengehalt war mit Hilfe eines Trockenzylinders nur zu erreichen, wenn dieser vom Preßwasser unbeeinflußt außerhalb des Filz- und Obertuchkreislaufes arbeitet, wie es bei der TÜRK-Vorgarnmaschine mit großem Zylinder und auch bei der ISSENMANN-Vorgarnmaschine der Fall ist. Hier sind die Bänder der freien Verdunstung und Abtrocknung ausgesetzt, was soweit getrieben werden kann, wie es die nachfolgenden Arbeitsprozesse verlangen.

Bei diesen Erfahrungen muß die Vorgarnmaschine mit verlängertem Obertuch nach Abb. 16 als unbrauchbar bezeichnet werden. Auch mit Hilfe der erwähnten Um- und Einbauten war nur schwer ein Trokkengehalt des Fadens von 30—32% bei nur 30 m Arbeitsgeschwindigkeit je Minute zu erreichen, ein durchaus unbefriedigendes Ergebnis.

4. Zur vergleichenden Bewertung der Arbeitsweisen

Heute läßt sich sagen, daß sowohl das Falzen der feuchten Bänder als auch das Nitscheln in direktem Anschluß an die Bandbildung keine tatsächlich befriedigenden Lösungen darstellen.

Das Falzen der auf der ISSENMANN-Vorgarnmaschine hergestellten Bänder und das Nitscheln nach TÜRK mit Aufwicklung zu Kreuzspulen wurden um und nach Ende des ersten Weltkrieges von den damaligen Erzeugungsstätten hauptsächlich deshalb in den Herstellungsprozeß eingeschaltet, weil die Aufarbeitung der erzeugten Vorgarne zum größten Teil in örtlich getrennten Spinnereien und Bindfadenfabriken stattfand.

Schon die Lagerung der auf der Vorgarnmaschine erzeugten Bänder bzw. Vorgarne erfordert gewisse Vorsichtsmaßregeln. Kurze Lagerung ist notwendig, da für die Spinnmaschinen immer genügend Vorrat vorhanden sein muß, Vorratsbildung bringt auch den Vorteil eines Trockengehaltsausgleiches mit sich. Sowohl die aufgewickelten Bandblocks der ISSENMANN-Vorgarnmaschine als auch die Kreuzspulen der TÜRK-Vorgarnmaschine sind kühl aufzubewahren und gegen eine Austrocknung der äußeren Lagen durch feuchte Zelluloseblätter zu schützen. Bei zu langer Lagerung tritt infolge von Erwärmung leicht Stockung ein und vermindert die Reißfestigkeit. Schimmelbildung und Bakterienbefall muß vermieden werden. Gefrieren macht das Band vollkommen unbrauchbar.

Außerordentliche Schwierigkeiten aber bereitet der Scheibenblock-Transport ungefalzter und ungenitschelter Bänder. Die verschiedensten Transportmöglichkeiten in Kisten, Büchsen usw. wurden ohne rechten Erfolg erprobt. Die Deformierung und Beschädigung der empfindlichen feuchten Bänder und die Austrocknung der äußeren Lagen der Rollen während des Transportes konnten nur bei sehr hohen Unkosten überwunden werden. Falls nicht die Möglichkeit eines Verspinnens an Ort und Stelle bestand, blieb deshalb nur das Falzen oder Nitscheln, das Aufspulen und der Versand in Kisten übrig.

Aber auch hierdurch waren die Schwierigkeiten noch nicht vollkommen beseitigt, sondern nur gemildert. Noch immer waren die Kosten für Verpackung und Verpackungsmaterial und für den Versand des Raum beanspruchenden, stark wasserhaltigen, schweren Materials eine hohe Belastung. Schon damals ergab sich von selbst der Wunsch, das Falzen oder Nitscheln in Verbindung mit der Vorgarnmaschine ganz in Wegfall kommen zu lassen, die Weiterverarbeitung an Ort und Stelle vorzunehmen, und, falls man beim Nitscheln bleiben wollte, das Nitscheln auf die Spinnmaschine zu verlegen, wo dafür viel günstigere Bedingungen vorliegen als in unmittelbarem Anschluß an die Arbeit der Vorgarnmaschine.

Eine Gegenüberstellung der Systeme ISSENMANN und TÜRK in bezug auf Leistung und Ausschuß unter sonst gleichen Bedingungen und Voraussetzungen läßt den Schluß zu, daß die Rentabilität des ersteren Verfahrens günstiger sein muß und dieses deshalb vorzuziehen ist. In diesem Zusammenhang muß auch darauf hingewiesen werden, daß Bänder von 2 und 3 mm Breite mit 3-mm-Deckstreifen auf den TÜRK-Vorgarnmaschinen nicht mehr genitschelt werden können, da der Ausschuß untragbar wird. Zur Verdeutlichung ist in Abb. 19 ein Zylinder für 2- und 10-mm-Streifen bei 3- und 6-mm-Deckstreifen wiedergegeben. Selbstverständlich reduziert sich bei 6-mm-Deckstreifen die Anzahl der Bänder bei einem 2000 mm breiten Zylinder und damit auch die Leistung. Es laufen bei 2-mm-Bändern und 3-mm-Deckstreifen 400 und

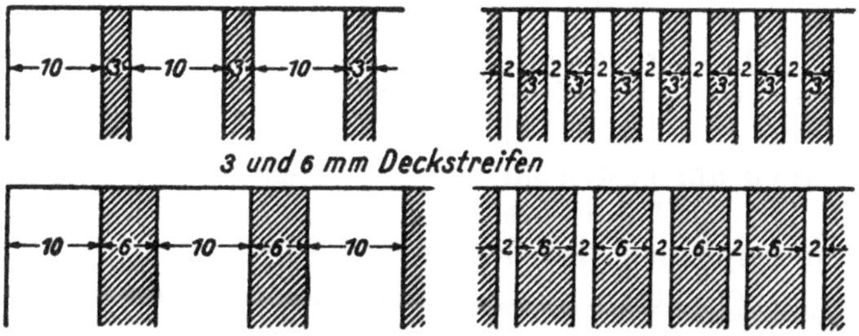

Abb. 19. Zylinderbespannung mit 3- und 6-mm-Deckstreifen

bei 6-mm-Deckstreifen nur 222 Streifen aus der Maschine. Demzufolge ist bei breiten Deckstreifen die Leistung geringer, natürlich aber auch der Ausschuß-Anfall. Um hierüber einen Überblick zu geben, wurde die nachfolgende Tabelle IV zusammengestellt, aus der zu ersehen ist, daß der Ausschuß-Prozentsatz bei 2 und 3 mm Band-

Tabelle IV

Gegenüberstellung der Arbeitssysteme TÜRK und ISSENMANN

Garn-Nummer metrisch m/g	Streifenbreite in mm	Deckstreifenbreite in mm	Streifenzahl bei 2000 mm Zylinderbreite	Meter Garn auf 1 kg	Gewicht/m² atro in g	Papierbahnbreite in m	Theoretische Leistung atro/Stunde in kg	System ISSENMANN: Ausschuß in %	System ISSENMANN: Wirkliche Leistung atro/Stunde in kg	System TÜRK: Ausschuß in %	System TÜRK: Wirkliche Leistung atro/Std. in kg
0,75	20	3	87	750	66,6	1,74	222	2	217,5	4	215
1,50	15	3	111	1500	44,4	1,67	142	2	139,2	4	136
3	8	3	181	3000	41,6	1,45	116	3	112,5	5	110
4	5	3	250	4000	50,0	1,25	120	3	116,0	8	108
6	5	3	250	6000	33,3	1,25	79	3	76,6	8	72,7
6	5	5	200	6000	33,3	1,00	100	3	97,0	12	88
8	3	3	333	8000	41,6	1,00	80	4	76,8	16	67
8	3	6	222	8000	41,6	0,67	53	4	50,8	12	46
10	3	3	333	10000	33,3	1,00	64	4	61,0	45	35
10	3	6	222	10000	33,3	0,67	43	4	41,3	20	39,4
12	3	3	333	12000	27,7	1,00	53	8	50,3	48	26,5
12	3	6	222	12000	27,7	0,67	35	5	33,3	25	26,3
18	2	6	250	18000	27,7	0,50	26	6	25,0	30	17
20	2	6	250	20000	25,0	0,50	24	6	22,6	35	15,6

breite und 3-mm-Deckstreifen auf 45—50% steigt und bei 6-mm-Deckstreifen auf 25% fällt. Es verbietet sich deshalb von selbst, Bänder von 2 und 3 mm Breite mit 3-mm-Deckstreifen auf der TÜRK-Maschine zu nitscheln, was sehr zuungunsten dieses Systems spricht.

Die Endprodukte der verschiedenen Vorgarnmaschinen lassen sich kurz folgendermaßen kennzeichnen:

1. Die ISSENMANN-*Vorgarnmaschine* ergibt ein feuchtes, zu einem Scheibenblock aufgewickeltes Bändchen mit einem Trockengehalt von etwa 35—37%. Die Bändchen sind sehr empfindlich und werden am besten an Ort und Stelle weiterverarbeitet. Ein Falzen und ein Transport der Bänder über weitere Strecken ist nicht zu empfehlen. Das Falzen der Bänder wurde früher meist nur vorgenommen, um die Schwierigkeiten des Transportes zu mildern. Eine befriedigende Spinnvorbereitung ist durch Falzen kaum zu erzielen.
2. Die TÜRK-*Vorgarnmaschine mit großem Trockenzylinder* ergibt einen feuchten, nicht vollkommen befriedigend genitschelten, auf Kreuzspulen aufgewickelten Faden von 40—48% Trockengehalt. Die Arbeitsweise liefert zwar ein spinnbares Vorgarn, bringt aber einen hohen Ausschuß-Prozentsatz mit sich, der die Produktion fühlbar belastet.
3. Die TÜRK-*Vorgarnmaschine mit verlängertem Obertuch* und ohne Trockenzylinder liefert bei nur geringer Arbeitsgeschwindigkeit einen feuchten, ungleichmäßig und mangelhaft genitschelten Faden mit einem zu geringen Trockengehalt von 30—31% und unbefriedigenden Festigkeitseigenschaften.

Die ISSENMANN-Vorgarnmaschine arbeitet befriedigend, auch läßt sie sich durch Verwendung eines größeren und beheizten Zylinders vervollkommnen. Die Falzung der Bänder kann jedoch wenig mehr als eine Notlösung darstellen. Während die ISSENMANN-Vorgarnmaschine auch ohne nachherige Falzarbeit zur Herstellung von Bändern andersartiger Weiterverarbeitung mit Vorteil Verwendung finden kann, sind die TÜRK-Vorgarnmaschinen durch ihre enge Anpassung an einen unmittelbar angeschlossenen Nitschelprozeß, der unter diesen Bedingungen nicht zweckentsprechend und rentabel genug gestaltet werden kann, sichtlich im Nachteil.

Das Nitscheln an sich ist nicht zu verwerfen; es stellt ein durchaus brauchbares und dem Falzen überlegenes Mittel dar, die feuchten Bänder für das Spinnen vorzubereiten und zu guten Garnqualitäten zu gelangen. Falls man die Vorzüge der Nitschelung voll zur Geltung kommen lassen will, ist es jedoch besser, die Nitschelung nicht auf den schweren Nitschelwerken der TÜRK-Maschine, sondern in kleinen, leichten Nitschelwerken auf der Spinnmaschine vorzunehmen. In dieser Hinsicht dürfte die besten Erfolge eine Arbeitsweise versprechen, bei der die Bänder auf der ISSENMANN-Vorgarnmaschine hergestellt und ohne Falzung an Ort und Stelle einer Spinnmaschine vorgelegt werden, welche die Bänder nitschelt und im Anschluß daran sofort verspinnt.

I. DAS NITSCHELN UND VERSPINNEN AUF DER SPINNMASCHINE

Es sei noch einmal daran erinnert, daß die feuchten Papierstoffstreifen, wie sie in der Vorgarnmaschine mit Hilfe des Streifen-Rundsiebzylinders und der anschließenden Entwässerungseinrichtungen gebildet werden, sich nicht ohne weitere Vorbereitung zu hochwertigen Garnen verspinnen lassen. Den feuchten Streifen mangelt es noch an Zusammenhalt, Gleichmäßigkeit und Rundung, um den mechanischen Beanspruchungen bei hoher Drahtgebung gewachsen zu sein und einen guten, festen Faden ergeben zu können.

Durch Falzen oder Nitscheln läßt sich der feuchte Streifen in mehr oder minder wirksamer Weise auf den Spinnprozeß vorbereiten, festigen, egalisieren und runden. Man kann jedoch auch ohne Falzen und Nitscheln auskommen. Ein Falzen oder Nitscheln kann beispielsweise unterbleiben, wenn man dem empfindlichen Streifenmaterial zunächst nur wenig Draht erteilt.

Insgesamt sind hauptsächlich drei Arbeitsweisen in technischem Maßstab erprobt worden, so daß für sie genügend Erfahrungstatsachen vorliegen:

1. Die feuchten Bänder werden gefalzt und versponnen,
2. die feuchten Bänder werden genitschelt und versponnen,
3. den feuchten Bändern wird auf einer Vorspinnmaschine ein geringer Draht erteilt, worauf sie in eine Klimaanlage gelangen, um schließlich auf der Feinspinnmaschine zum fertigen Garn ausgesponnen werden zu können.

Alle Bänder gelangen am besten leicht temperiert zum Verspinnen, die Wärme wirkt sich auf die Plastizität und das Abtrocknen des Materials günstig aus. Zum Verspinnen sind mehr oder weniger alle üblichen Arten von Spinnmaschinen, wie z. B. Teller-, Topf- und Ringspinnmaschinen, geeignet; Flyer oder Selfaktoren kamen allerdings schon 1918 zum Spinnen der Papierstoffgarne kaum noch ernstlich in Betracht.[1]

Das Verarbeiten auf Vor- und Feinspinnmaschine, wie es oben (unter 3) gekennzeichnet wurde, kann gute Qualitäten und hohe Nummern ermöglichen, ist jedoch nicht ohne Umständlichkeit und verursacht vergleichsweise hohe Kosten. Ob und inwieweit diese Gegebenheiten ins Gewicht fallen, hängt von der allgemeinen Wirtschaftslage und den besonderen Arbeitsanforderungen ab.

Wie bereits ausgeführt wurde, ist das Falzen als Spinnvorbereitung wenig zu empfehlen. Es weist Mängel auf, die im Arbeitsvorgang selbst begründet sind, die Qualität des fertigen Garnes beeinträchtigen und seine Herstellungskosten belasten. Das Nitscheln, an sich eine brauch-

[1] Zur Leistung der Papierstoffgarnspinnerei vgl. S. 64.

barere Vorbereitung auf den Spinnprozeß, wird, falls es die lokalen Umstände erlauben, am besten auf der Spinnmaschine vorgenommen. Auf diese empfehlenswerte Arbeitsweise soll im folgenden noch näher eingegangen werden.

Als Vorteile, die ein Nitscheln auf der Spinnmaschine haben kann, lassen sich vor allem aufführen:

Auf der Spinnmaschine kann, ohne daß arbeitstechnische und konstruktive Schwierigkeiten entstünden, für jede einzelne Spindel eine leichte, schmale und ausrückbare Nitschelhose das Nitscheln direkt vor dem Spinnen übernehmen, wie es ganz entsprechend auch von Anlagen der Kammgarnspinnerei bekannt ist. Die Verwendung leichter, schmaler Nitschelhosen hat den Vorzug, den Nitschelvorgang weit besser den Eigenarten des Papierstoffbändchens anpassen zu können, als es mit den schweren Nitschelwerken im Anschluß an die Streifenbildung auf der TÜRK-Vorgarnmaschine möglich ist.[2] Bei leichten Nitschelwerken stellt sich der zum guten Nitscheln erforderliche Druck je nach Fadenkonsistenz und -stärke selbständig ein; der Arbeitsprozeß reguliert sich so zu einem guten Teil von selbst. Zudem fallen alle die Beschwerlichkeiten weg, welche die Notwendigkeit, große Massen schnell zu bewegen, bei den schweren Nitschelwerken der TÜRK-Vorgarnmaschine mit sich brachte. Besonderer Nachdruck ist auch auf die Ausrückbarkeit der einzelnen Hosen zu legen. Bei ausrückbaren Nitschelhosen braucht bei Fadenbruch nicht die ganze Maschine zum Stillstand gebracht zu werden.

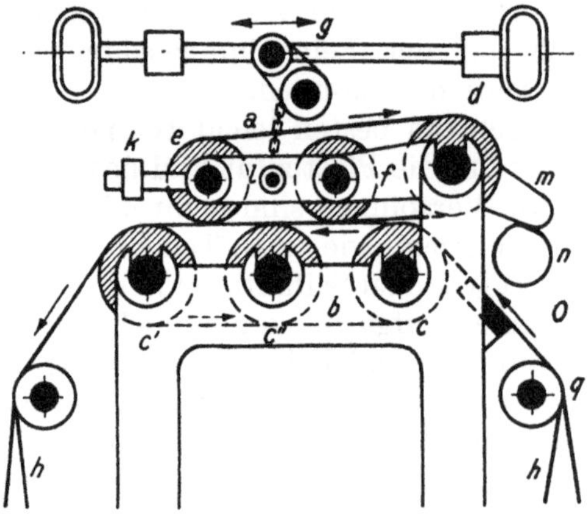

Abb. 20. Nitschelwerk auf der Spinnmaschine mit ausschwenkbarer oberer Nitschelhose

In den Abb. 20—23 sind einige Beispiele beigebracht, wie die Ausrückbarkeit der einzelnen kleinen Nitschelwerke konstruktiv gelöst werden kann. Abb. 20 und (weitergehend schematisiert) Abb. 21

[2] Vgl. S. 46.

zeigen, wie sich die obere Nitschelhose durch Pendelanhub außer Betrieb setzen läßt. Eine andere Ausführung veranschaulicht Abb. 22, bei der die obere Hose durch Heben der 2 oberen Hosendruckwalzen freigegeben und damit die Nitschelung ausgeschaltet wird. Eine ganz einfache Lösung zeigt Abb. 23. Hier sind beide Hosen auf den durchgehenden Wellen fest gelagert, jede ist für sich durch Auskuppeln ausrückbar. Nach Auskuppeln laufen die Antriebswellen zwar weiter, die Hosen aber bleiben auf den drehenden Wellen stehen.

Der gesamte Arbeitsgang des Nitschelns auf der Spinnmaschine soll mit weiteren Ausführungen an Hand von Abb. 20 verdeutlicht werden. Hier besteht das Nitschelwerk für jedes einzelne Bändchen aus der oberen und unteren Nitschelhose a und b von 50 mm Breite. Die untere Nitschelhose wird durch die drei festgelegten, durchgehenden Wellen c, c′, c″ angetrieben und erhält durch sie auch die seitlichen Hübe. Alle drei Walzen sind auf diesen Wellen verkeilt.

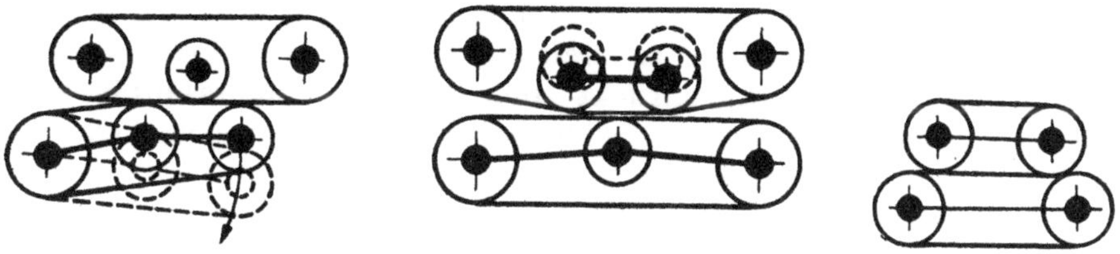

Abb. 21, 22, 23. Verschiedene ausrückbare Nitschelwerke

Die obere Nitschelhose a pendelt um die durchgehende, festgelegte Welle d, von der sie Antrieb und seitlichen Hub erhält. Die zwei oberen Walzen e und f liegen in einem Rahmen l, der um den Drehpunkt d pendelt.

Die von beiden Seiten zu betätigende Hubvorrichtung g hebt und senkt die obere Hose. Bei Senkung liegt die obere Hose auf der unteren auf, und die Nitschelung kann erfolgen. Bei Anhub der oberen Hose laufen zwar beide Hosen weiter, erfassen jedoch den Faden nicht, der auf der unteren Hose schleift und stillsteht. Die Kettenaufhängung des Rahmens l erlaubt ungehinderten seitlichen Hub, und die Nitschelung selbst wird durch Gewicht k be- und entlastet.

Mit dem oberen Pendelhebel ist die Nocke m fest verbunden, die bei Betätigung der Hubvorrichtung g die Feder n auf die Fläche o aufdrückt und das Bändchen festhält. Damit wird verhütet, daß das schleifende Band durch die eigene Schwere im Verein mit der Reibung durchgezogen wird.

Der Rollenzubringer setzt den Bandblock auf der hinteren Seite der Maschine ein, führt das Band h über die Führungsrolle q und den Festhalteblock o der unteren Nitschelhose zu und rückt das Nitschelwerk durch Betätigung der Hubvorrichtung g aus. Das Band wird jetzt auf dem Block durch Feder n festgehalten und schleift solange auf der unteren Hose, bis die Spinnerin auf der anderen Seite der Maschine zur Anknüpfung kommt. Damit ist die Arbeit des Einlegers beendet, und er kann sich den anderen Bändern zuwenden. Die Spinnerin auf der anderen Maschinenseite knüpft den ruhenden, genitschelten Faden an und setzt das Nitschelwerk durch Aufsetzen der oberen Hose in Tätigkeit. Einleger und Spinnerin arbeiten vollkommen unabhängig voneinander, an beide werden keine höheren Anforderungen gestellt als bei anderen Spinnmaschinen auch.

Bei einer derartigen Nitschelung auf der Spinnmaschine sind die Nachteile der Vorgarnmaschinen-Nitschelung beseitigt. Jeder einzelne Faden ist ausrückbar und kann beim Nitscheln stärker oder schwächer belastet werden. Es stehen sowohl die nötige Zeit als auch der nötige Bewegungsraum für Einleger und Spinnerin zur Verfügung. Die Nitschelgeschwindigkeit gleicht der normalen Einlaufgeschwindigkeit des Bandes in die Spinnmaschine. Der seitliche Hub wird für alle Bänder gemeinsam eingestellt. Bei einem Banddurchlauf von 6—12 m/min braucht mit nur 70—150 Hosenhüben/min gerechnet zu werden, um einwandfreies Nitscheln zu erzielen. Der Ausschuß-Prozentsatz ist auf ein Minimum herabgedrückt und kann die Rentabilität kaum wesentlich beeinflussen. Der Spinnprozeß nach dem Nitscheln vollzieht sich in üblicher Weise.

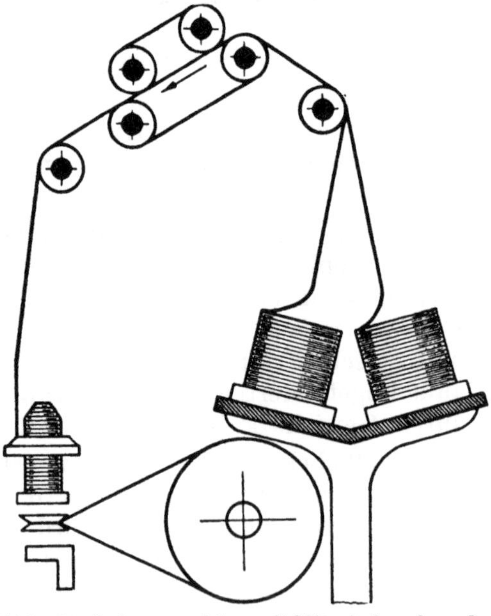

Abb. 24. Spinnmaschine mit Nitschelwerk und einseitiger Blockauflage und Aufspinnung

Die Nitschelwerke lassen sich in verschiedener Weise auf der Spinnmaschine anbringen. Abb. 24 und Abb. 25 sollen lediglich als Beispiele der hier bestehenden Möglichkeiten vorgeführt werden.

Bei einer Anordnung nach Abb. 24 erfolgt auf der einen Seite der Ringspinnmaschine das Auflegen der Rollenblocks, auf der anderen das Spinnen. Aus Platzgründen werden die einzelnen Nitschelwerke versetzt angebracht. Auf diese Weise besteht auch, wie in Abb. 24 angedeutet, die Möglichkeit, Mischgarne herzustellen. Dabei läuft das zuzusetzende Material mit dem Papierstoffbändchen zugleich durch das Nitschelwerk, wobei eine innige Verbindung stattfindet.

Das Nitscheln auf der Spinnmaschine darf als bewährt gelten. Das eben beschriebene Nitschelwerk[3] lief in Verbindung mit anschließendem Ringspinnen auf der Versuchsmaschine der Zellulonfabrik Augsburg anstandslos und mit bestem Erfolg. Weitere Ausnützung fand jedoch nicht statt, da damals die Zellulonspinnerei infolge der schon früher gekennzeichneten Nachkriegsverhältnisse zum Erliegen kam.

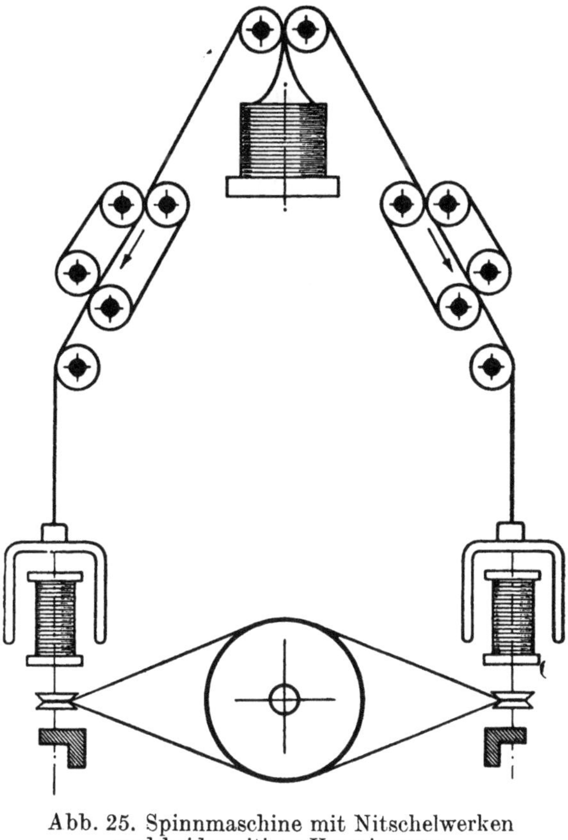

Abb. 25. Spinnmaschine mit Nitschelwerken und beiderseitiger Verspinnung

[3] Die Bauart ausrückbarer Nitschelwerke nach Abb. 20—22 wurde dem Verfasser im DRP 341 328 geschützt. Es sei jedoch nochmals darauf aufmerksam gemacht, daß man die Nitschelwerke auch auf ganz einfache Weise durch Klauenkupplung ausrückbar gestalten kann.

Bei einer Anordnung nach Abb. 25 werden die Blockrollen oben in der Mitte der Stuhlung aufgelegt, auf beiden Seiten der Maschine befinden sich Nitschelwerke und Spindeln. Die Bänder werden nach oben über eine Leitrolle abgezogen und laufen den Nitschelwerken durch die eigene Schwere zu, das Nitscheln erfolgt dann ganz selbständig. Bei dieser Anordnung ist jedoch die Arbeit von Aufleger und Spinnerin erschwert, und die Stuhlung wird breit und hoch. In den meisten Fällen wird eine Anordnung, die der in Abb. 24 gleicht oder ähnelt, den Erfordernissen am besten entsprechen.

Der eigentliche Spinnprozeß findet sofort im Anschluß an das Nitscheln statt, er beginnt schon auf dem Wege des Fadens von der Nitschelhose zur Spindel.

W. HEINKE [21] hat darauf hingewiesen, daß dem Zusammendrehen von Streifen fertigen Papiers, wie es bei der Herstellung der üblichen Papiergarne vorgenommen wird, die Bezeichnung Spinnen im streng textilen Sinne nicht zukommt. Bei Untersuchungen an derartigen Papiergarnen kam HEINKE auch zu dem Schluß, daß hier von einer Erhöhung der Festigkeit durch die Drallgebung keine Rede sein könne.

Es ist hier nicht der Ort, zum Einfluß der Drallgebung auf die Festigkeit beim Herstellen der üblichen Papiergarne aus Streifen fertigen Papiers Stellung zu nehmen.[4] Mit allem Nachdruck sei aber darauf hingewiesen, daß beim Spinnen im hier behandelten Naßspinnverfahren beträchtliche Unterschiede gegenüber dem Drellieren der üblichen Papiergarne vorliegen. Auch HEINKE erinnert daran, daß die Herstellung von Papierstoffgarnen aus feuchten, genitschelten Papierstoffbändern weit eher die Bezeichnung Spinnen verdient, als das Drellieren von Spinnpapierstreifen. Leider liegen über das Spinnen der Zellulongarne noch keine exakten wissenschaftlichen Untersuchungen vor, welche die hier bestehenden Verhältnisse restlos klarstellen könnten. Es kann jedoch kein Zweifel darüber bleiben, daß beim Naßspinnverfahren die Drahtgebung wie beim Spinnen textiler Fasern tatsächlich zu einem festeren Zusammenhalt der Fasern durch Reibungsschluß und damit, falls der kritische Drehungsgrad nicht überschritten wird, zu einer Festigkeitssteigerung führt. So ergibt sich gerade auch vom Standpunkt des Spinners gesehen eine nahe Verwandtschaft der im Naßspinnverfahren erzeugten Papierstoffgarne mit den Garnen aus textilen Fasern.

K. EINRICHTUNG EINER MODERNEN ANLAGE ZUR HERSTELLUNG VON PAPIERSTOFFGARNEN

Zum Abschluß sei noch kurz die gesamte Einrichtung einer modernen Anlage zur Herstellung von Papierstoffgarnen beschrieben. Die Streifenbildung erfolgt auf der ISSENMANN-Vorgarnmaschine, die gebildeten

[4] Außer W. HEINKE [l. c] vgl. beispielsweise auch G. FALDNER [14, Faltenbildung der Spinnpapier-Streifen beim Drellieren], W. FRENZEL [18, Einfluß der Faserlage im Spinnpapier auf die Garnqualität] und O. SPOHR [61, Bildung der Garnoberfläche].

Bänder werden ohne Falzung an Ort und Stelle auf der Spinnmaschine von LEONHARDT-Nitschelwerken genitschelt und im Anschluß daran sofort versponnen. In Abb. 26 ist eine derartige Anlage im Aufriß wiedergegeben.

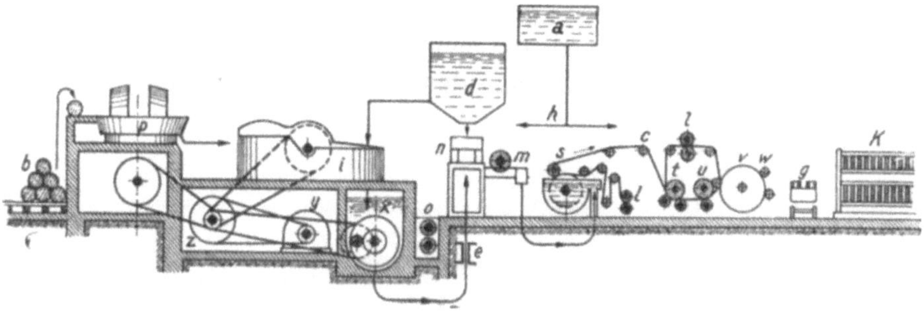

Abb. 26. Zellulon-Anlage

a Frischwasser-Reservoir
b Zelluloselager
c Vorgarnmaschine
d Abwasser-Reservoir
e Stoffpumpe
g Rollen-Transportwagen
h Frischwasserverteilung
i Holländer
k Spinnmaschine mit Nitschelwerken
l Filzwäschen
m Knotenfang
n Sandfang
o Frisch- und Abwasser-Verteilung
p Kollergang
s Rundsieb-Streifenzylinder-Entwässerung
t Naßpresse
u Zweite Presse
v Abnahme- und Trockenzylinder
w Rollenabnahme
x Bütte
y Antriebs-Motor
z Transmission

Die Zelluloserollen wandern vom Lager b auf das Kollergangspodium, werden im Kollergang p gekollert und im Holländer i unter Zusatz des Ausschusses von Vorgarn- und Spinnmaschine faserschonend gemahlen und fertig gemacht. Aus der Bütte x fördert die Kolbenpumpe e den Stoff über die Regulierungen und den Sandfang n zum Knotenfänger m, um von hier aus der Vorgarnmaschine c zugeteilt zu werden.

Die Herstellung von Garnen ganz niedriger Nummern erfordert einen zweiten Streifenzylinder, für dessen Unterbringung von vornherein genügend Platz vorzusehen ist.

Die Vorgarnmaschine c erhält außer dem Streifenzylinder zwei Pressen, zwei Filzwäschen, sowie einen größeren, heizbaren Abnahmezylinder. Damit kann der Trockengehalt der auf Scheibenblocks gewickelten Bänder in jedem Falle so weit gesteigert werden, wie es der Spinnprozeß verlangt. Transportwagen können die vom Zylinder abgenommenen Scheibenblocks nach dem Lager oder auch direkt zur Spinnmaschine bringen, wo sie genitschelt, versponnen, gezwirnt werden, und wo gegebenenfalls durch Zusatz anderen Materials Mischgarne hergestellt werden können.

Der Antrieb erfolgt durch Motor y über Längstransmission z, die für eine Vergrößerung der Anlage nach beiden Seiten vorgesehen ist.

Die gesamte Frisch- und Abwasserverteilung ist aus Abb. 27 zu ersehen. Das Fabrikationswasser soll möglichst rein und weich sein.

Es findet eine weitgehende Scheidung von Frisch- und Abwasser statt, und das Abwasser ist, um den Frischwasserverbrauch zu beschränken, überall zu verwenden, wo es angängig ist. Das Frischwasser wird dem Hochreservoir a durch die Frischwasserpumpe b zugeführt. Der Überlauf c verbindet mit dem Abwasser-Reservoir d. Frischwasser aus a wird normalerweise nur für die Spritzwässer der Vorgarnmaschine e, f, g und gegebenenfalls noch für den Knotenfänger über h verwendet. Für alle anderen Zwecke genügt das Abwasser der Vorgarnmaschine aus Reservoir d.

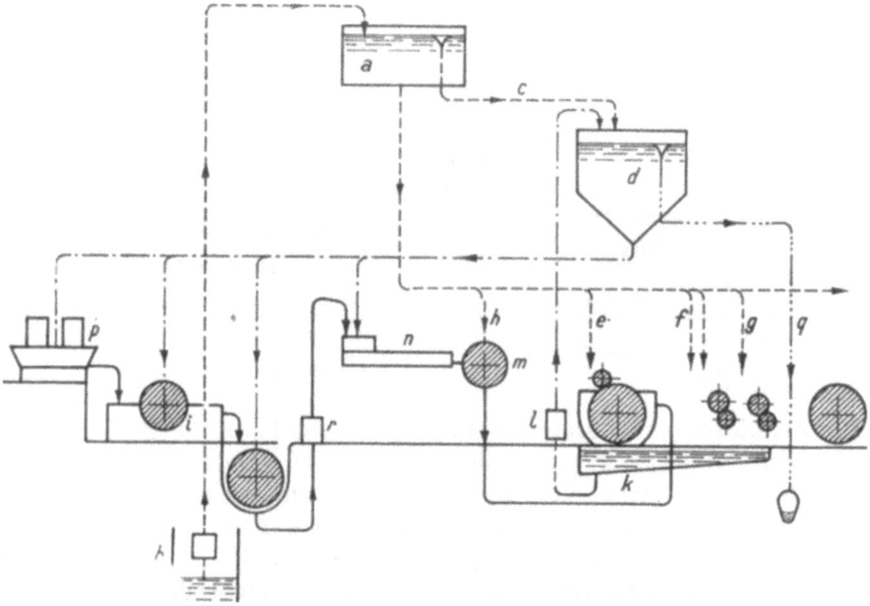

Abb. 27. Frisch- und Abwasserverteilung in einer modernen Zellulon-Anlage

a Frischwasser-Reservoir
b Frischwasser-Pumpe
c Überlauf
d Abwasser-Reservoir
e, f, g Spritzwasserzuführungen
h Zuführung zum Knotenfänger
i Holländer
k Vorgarnmaschine
l Abwasserpumpe
m Knotenfänger
n Sandfang
p Kollergang
q Überfall
r Stoffwasserpumpe

Pumpe b ist deshalb in der Fördermenge so einzustellen, daß selbst bei Holländerfüllung immer noch ein Teil dem Abwasser-Reservoir d zufließt und dieses nie ganz entleert wird. Es dient als Ausgleich, damit die Spritzrohre keinem schwankenden Druck unterworfen sind.

Der Wasserverbrauch beträgt je Vorgarnmaschine etwa 750 l/min,[1] diese Menge kann wesentlich verringert werden, wenn Knotenfänger

[1] Der Verbrauch bezieht sich auf eine Vorgarnmaschine von 2 m Breite. Im einzelnen benötigen die 3 Spritzrohre der Filzwäsche etwa 390 l, das Spritzrohr des Siebzylinders 260 l und das des Knotenfängers 100 l/min.

Ganz erhebliche Wassermengen durchlaufen stündlich den Streifenzylinder. Bei 1%iger Stoffkonsistenz, einem Siebwasserverbrauch von nur 600 l/min und der Bildung von Streifen mit 35% Trockengehalt ist bei Bändern für Nm 0,75, 6, 10 und 20 mit rd. 57, 45, 40 und 38 cbm Wasser zu rechnen. Vgl. S. 64.

und Siebzylinder zeitweise mit Abwasser gespeist werden. Das Wasser der Spritzrohre sammelt sich mit dem Abwasser des Siebzylinders in der Mulde unter k und wird durch die Abwasserpumpe l in das Abwasser-Reservoir d befördert, von wo es dem Sandfang n zur Verdünnung des Stoffwassers, sowie den Holländern, dem Kollergang p und allen sonstigen Verbrauchsstellen zugeteilt wird.

Bei einer derartigen Wasserbewegung innerhalb des Fabrikationsprozesses ist der Faserverlust im abgehenden Wasser des Überfalles q sehr gering; er läßt sich bei Einschaltung entsprechender Rückgewinnungsanlagen auf 0,8—0,4 % beschränken.[2]

Da sich das Stoffwasser leicht absetzt, ist für schnelle Reinigungsmöglichkeit der Rohre durch Reinigungsklappen zu sorgen.

Die hier geschilderte Einrichtung und Arbeitsweise entsprang der Erfahrung und dem Bestreben, auf möglichst wirtschaftliche Weise zu qualitativ hochwertigen Papierstoffgarnen zu gelangen.

Die Anlage ist einfach und übersichtlich und kann durch Anbau weiterer Aggregate jederzeit zum Großbetrieb erweitert werden. Die Arbeitsweise macht den sonst hohen Ausschuß-Prozentsatz erträglich.

Die Weiterentwicklung wird sich darum bemühen können, den Faden, vielleicht mit Hilfe chemischer Mittel, weicher, knoten- und wasserfester zu machen, ihn textilen Garnen noch mehr anzugleichen und neue Verwendungsgebiete zu erschließen. Schon jetzt läßt sich mit diesem Naß-Spinnverfahren ein Garn solcher Reißfestigkeit, Elastizität, Weichheit und Gleichmäßigkeit erzielen, wie es bisher von keiner Methode der üblichen Papiergarnherstellung erreicht werden kann.

[2] Die meisten Fabriken mußten mit Faserverlusten von 1—1 ½ % und noch wesentlich mehr arbeiten.

III. Anhang: Betriebswirtschaftliche Unterlagen

Leistung einer Streifenentwässerungsmaschine System ISSENMANN

Zur Erzielung der höchsten Leistung ist es notwendig, die richtige Streifenbreite und Filmstärke für eine bestimmte Garn-Nummer zu verwenden. Man kann mit

Streifen von	2 mm	Breite	Garne	Nm 9	bis 18 (m/g)
„ „	3 mm	„	„	Nm 5	„ 12 „
„ „	5 mm	„	„	Nm 3	„ 7 „
„ „	10 mm	„	„	Nm 0,5	„ 3 „

herstellen. Es kann jedoch nur *eine* Streifenbreite und *eine* Filmstärke für eine bestimmte Garn-Nummer höchste Produktion und damit beste Rentabilität ergeben.

Die Garn-Nummer errechnet sich zu

$$\mathrm{Nm} = \frac{S}{G}$$

wobei S die Bändchenlänge in m bezeichnet, die sich aus einem Quadratmeter ergibt (m/m²), und G das Quadratmetergewicht (g/m²). Bei einem 5 mm breiten Bändchen für Nm 6 z.B.

$$\mathrm{Nm} = \frac{200\ (^{\mathrm{m}}/_{\mathrm{m}^2})}{33{,}3\ (^{\mathrm{g}}/_{\mathrm{m}^2})} = 6\ (^{\mathrm{m}}/_{\mathrm{g}})$$

Aus der nachfolgenden Tabelle V sind die theoretischen und wirklichen Leistungen einer Vorgarnmaschine von 2000 mm Arbeitsbreite zu ersehen, wobei 1 Tag mit 23,5 Stunden eingesetzt und damit dem Sieb- und Filzeinzug sowie kleineren Betriebsstillständen Rechnung getragen ist. ½ Stunde Betriebsstillstand für diese Arbeiten ist reichlich gerechnet.

Für Nm 6 z.B. errechnet sich die Leistung wie folgt:

$$\frac{250\ ^{\mathrm{Streifen}} \cdot 0{,}005\ ^{\mathrm{m}} \cdot 32^{\mathrm{m}}/_{\mathrm{Min.}} \cdot 33{,}3\ ^{\mathrm{g}}/_{\mathrm{m}^2} \cdot 60^{\mathrm{Min.}}/_{\mathrm{Std.}} \cdot 23{,}5^{\mathrm{Std.}}/_{\mathrm{Tag}}}{1000\ ^{\mathrm{g}}/_{\mathrm{kg}}} = 1878^{\mathrm{kg}}/_{\mathrm{Tag}}$$

Rechnet man 3% Ausschuß ab, so ergibt sich die Tagesleistung zu rd. 1822 kg.

Die Tabelle VI gibt eine Übersicht über die Wassermengen, welche stündlich den Streifenzylinder durchlaufen.

Tabelle V

Leistung einer Streifen-Entwässerungs-Vorgarnmaschine

Streifen-breite n mm	Geschwindigkeit m/min	Gewicht g/m² ; tro	Garn-Nm m/g	Streifen-Anzahl	Theoretische Leistung je Std. kg	Theoretische Leistung in 23,5 Stdn. kg	Ausschuß %	Wirkliche Leistung in 23,5 Std. i. kg
20	32	66,6	3/4	87	222	5217	2	5113
15	32	44,4	1 1/2	111	142	3337	2	3270
10	32	43,0	2	154	127	2984	2	2924
8	32	41,6	3	181	115	2702	2	2648
5	32	33,3	6	250	80	1878	3	1822
4	32	30,0	8	286	66	1551	3	1505
3	30	27,7	12	333	50	1175	4	1128
2	28	26,7	18	400	36	846	5	804

Tabelle VI

Wassermengen, die den Streifenzylinder in der Stunde durchlaufen

Wassermenge je Stunde in m³	bei Garn Nm (m/g) 0,75	6	10	20
a) Im zulaufenden Stoffwasser bei 1 % Stoffkonsistenz	21,30	8,80	3,90	1,60
b) Im Spritzwasser der Spritzrohre, rd. 600 l/min	36,00	36,00	36,00	36,00
zusammen	57,30	44,80	39,90	37,60
c) Abzüglich 65 % Wassergehalt im abgegautschten Stoff	0,14	0,07	0,04	0,02
d) Gesamtdurchflußmenge m³	57,16	44,73	39,86	37,58

Leistungen der Spinnerei

Die Leistung der Spinnmaschine ist theoretisch in erster Linie abhängig von Garn-Nummer und Umdrehungszahl, bei der Zellulonspinnerei sind dabei praktisch auch der Zustand des zu verspinnenden Materials, seine Gleichmäßigkeit, sein Trockengehalt usw., der Grad und die Art und Weise der Beanspruchung des zu verspinnenden Materials durch das jeweilige Spinnsystem (Teller, Flügel- oder Ringspindel, Topf) und schließlich auch die Geschicklichkeit der Spinnerin von nicht zu unterschätzendem Einfluß.

Die Rentabilität läßt sich durch Steigerung der Umdrehungszahlen der Spinnaggregate nur dann tatsächlich erhöhen, wenn der so gewonnene Vorsprung nicht durch Anwachsen der Fadenbruchzahl und des Ausschusses zunichtegemacht wird. Ganz abgesehen von Qualitätsansprüchen ist deshalb auch aus diesen Gründen auf eine gute Spinnvorbereitung (z. B. auf einwandfreies Nitscheln) Wert zu legen. Bei gut vorgearbeiteten Bändern lassen sich je nach Maschinentyp die

Liefergeschwindigkeiten beträchtlich steigern und Ausschuß und Stillstände auf ein Mindestmaß begrenzen.

Um einen ungefähren Anhalt zu vermitteln, sei die nachfolgende Tabelle VII wiedergegeben, welche die Leistung einer Spindel für Zellulongarne verschiedener Nummern mit den entsprechenden Umdrehungszahlen usw. benennt. Die hier verzeichneten Leistungen dürfen jedoch nur als Mindestleistungen angesehen werden. Gut genitschelte Zellulongarne lassen eine Leistungssteigerung um 10—20% ohne weiteres zu.

Tabelle VII

Leistung einer Tellerspinnmaschine (nach HAMEL-Prospekt)

Nummer metr. m/g	Drehung je m	Spindelumdrehung /Min.	Tellerumdrehung /Min.	Gesamtumdrehung je Min.	Produktion je Stunde und Spindel g
0,75	170	1250	—	1250	576
1,00	190	2000	—	2000	537
1,25	145	1250	—	1250	386
1,40	130	1250	—	1250	350
1,60	105	1250	—	1250	387
2,00	210	1250	—	1250	330
3,00	315	2400	1600	4000	230
4,00	360	2400	1600	4000	150
5,00	400	2700	1800	4500	120
6,00	440	2700	1800	4500	90
8,00	510	3000	2000	5000	65
10,00	570	3000	2000	5000	47
12,00	620	3000	2000	5000	36
14,00	670	3000	2000	5000	29
16,00	720	3000	2000	5000	24

Die Leistung einer Spinnerei berechnet sich bei einem Lieferungsgrad von 0,7 zu:

$$L_{kg} = \frac{\text{Spindelumdrehungen/min} \cdot 60\,\text{Min./Std.} \cdot \text{Arbeitsstunden} \cdot \text{Spindelzahl} \cdot 0{,}7}{\text{Drehungen je m} \cdot \text{Nm} \cdot 1000\,\text{g/kg}}$$

Bei einer Spinnerei mit 2400 Spindeln ergibt sich bei 5000 Spindelumdrehungen in der Minute und 24-stündiger Arbeitszeit z. B. für ein Garn Nm 9 mit 540 Drehungen/m:

$$\frac{5000 \cdot 60 \cdot 24 \cdot 2400}{540 \cdot 9 \cdot 1000} \cdot 0{,}7 = 2488{,}8\ \text{kg}/_{\text{Tag von 24 Std.}}$$

TÜRK rechnete für Zellulongarne ähnlich, wobei er die Anzahl der Drehungen auf die Längeneinheit in ein feststehendes Verhältnis zur Garn-Nummer bringt, d. h. er führt für Zellulongarn den Drehungsbeiwert 200 ein, wodurch im Quotienten der Formel dann nur noch die Garn-Nummer als veränderliche Größe verbleibt:

$$L_{kg} = \frac{\text{Spindelumdrehungen/min} \cdot 60\,\text{Min./Std.} \cdot \text{Arbeitsstunden} \cdot \text{Spindelzahl} \cdot 0{,}7}{200\sqrt{\text{Nm}} \cdot \text{Nm} \cdot 1000\,\text{g/kg}}$$

Diese Formel würde für unser Beispiel bei Nm 9 600 Drehungen/m voraussetzen[1] und dementsprechend eine Leistung von 2240 kg ergeben:

$$\frac{5000 \cdot 60 \cdot 24 \cdot 2400}{200 \cdot \sqrt{9} \cdot 9 \cdot 1000} \cdot 0{,}7 = 2240 \text{ kg}/_{24 \text{ Std.}}$$

Selbstverständlich können derartige Formeln nur Näherungswerte erbringen. Stillstandsverluste sind durch den Lieferungsgrad $\eta = 0{,}7$ mit eingerechnet.

Bei Vorlage von Scheibenblocks der ISSENMANN-Vorgarnmaschine und Nitscheln auf der Spinnmaschine kann mit einem anstandslosen Spinnen gerechnet werden. Je nach Garn-Nummer kann eine Spinnerin, gute Einarbeitung vorausgesetzt, ohne weiteres 40, 50 und mehr Spindeln bedienen. Bei Nitschelung auf der Spinnmaschine ist jedoch eine Kombination der Umdrehungszahlen von Topf und Spindel, wie es z. B. bei der Hamel-Spinnmaschine der Fall ist, nicht möglich; die Drehung erfolgt allein durch die Spindel. Dabei stellt sich die normale Stundenleistung einer Spindel z. B. bei Bindegarnen der Nm 1,25 und bei 2000 Spindelumdrehungen/min auf 500—600 g.

Einen Überblick über die Drehungswerte und Gewichte verschiedener Zellulongarne, bei deren Herstellung der Spinnmaschine gefalzte (also nicht genitschelte) Bänder in Kreuzspulenform vorgelegt wurden, vermittelt Tabelle VIII. Bei genitschelten Bändern kann man stärker drehen, ohne mit einer Steigerung des Ausschußprozentsatzes rechnen zu müssen.

Ausschuß und Faserverluste

Die nachfolgende Liste gibt Aufschluß über den durchschnittlichen Ausschußprozentsatz, wie er sich bei den einzelnen Arbeitsprozessen bei System ISSENMANN und TÜRK ergibt. Er schwankt nach Garn-Nummer und Sorgfalt ganz wesentlich und ist aus dem *Durchschnitt verschiedener Betriebe* entnommen. Als Grundleistung gilt die theoretische Leistung der Vorgarnmaschine.

Aus der Zusammenstellung ist ersichtlich, daß nur durch die Herabsetzung der Ausschußziffern bei Garnen über Nm 10 mit den Systemen ISSENMANN und TÜRK erfolgreich gearbeitet werden kann. Dies wird bei System ISSENMANN durch Wegfall der Falzmaschinen und Verlegung der Nitschelung auf die Spinnmaschine erreicht, während der Ausschuß bei System TÜRK nicht gesenkt werden kann und nicht mehr tragbar ist.

[1] Die Anzahl der Drehungen auf die Längeneinheit taucht im Faktor 200 $\sqrt{\text{Nm}}$ auf (nach der KOECHLINschen Regel ist die Anzahl der Drehungen auf die Längeneinheit gleich dem Produkt aus Drehungsbeiwert und Quadratwurzel aus der Garn-Nummer). Vgl. die verschiedenen Angaben über die Drehungswerte in den beigegebenen Tabellen VII und VIII S. 65 und 67. Bei geringerer Drehung muß sich eine höhere Spindelleistung einstellen.

Tabelle VIII

Garngewichte

Garn-Nummer metr. m/g.	$\sqrt{Nm}$	Drehung je m $200\sqrt{Nm}$	100 m Garn trocken wiegen g	100 m Band trocken wiegen g	100 m Band wiegen bei 60% Wassergehalt g
12	3,46	692	8,3	6,6	16,5
11	3,31	662	9,0	7,2	18,0
10,4	3,23	646	9,5	7,6	19,0
10	3.16	632	10,0	8,0	20,0
9,5	3,08	616	10,5	8,4	21,0
9,0	3,00	600	11,1	8,9	22,2
8,5	2,91	582	11,7	9,4	23,5
8,0	2.82	564	12,5	10,0	25,0
7,5	2,73	546	13,3	10,7	26,7
7,2	2,68	536	13,8	11,1	27,7
7,0	2,64	528	14,3	11,4	28,5
6,7	2,58	516	14,9	12,0	30,0
6,5	2,54	508	15,3	12,3	30,7
6,2	2,49	498	16,1	12,9	32,2
6,0	2,44	488	16,6	13,3	33,2
5,7	2,38	476	17,5	14,0	35,0
5,5	2,34	468	18,1	14,5	36,2
5,2	2,28	456	19,2	15,4	38,5
5,0	2,23	446	20,0	16,0	40,0
4,7	2,16	432	21,2	17,0	42,5
4,5	2,12	424	22,2	17,8	44,5
4,2	2,04	408	23,8	19,0	47,5
4,0	2,00	400	25,0	20,0	50,0
3,7	1,92	384	27,0	21,6	54,0
3,5	1,87	374	28,5	22,8	57,0
3,2	1,78	356	31,2	25,0	62,5
3,0	1,73	346	33,3	26,7	66,7
2,7	1,64	328	37,0	29,6	74,0
2,5	1,58	316	40,0	32,0	80,0
2,2	1,48	296	45,4	36,3	90,7
2,0	1,41	282	50,0	40,0	100,0
1,7	1,30	260	58,8	47,0	117,5
1,5	1,22	244	66,6	53,3	133,2
1,2	1,09	218	85,5	68,4	171,0
1,0	1,00	200	100,0	80,0	200,0
0,7	0,83	160	142,8	114,8	285,7
0,5	0,70	140	200,0	160,0	400,0

*

Nm m/g	ISSENMANN-Maschine					TÜRK-Maschine			Faserverlust im Abwasser
	Vorgarnmaschine	Falzmaschine	Spinnmaschine	Gesamt-Ausschuß	mit Nitschelung	Vorgarnmaschine	Spinnmaschine	Gesamt-Ausschuß	
	%	%	%	%	%	%	%	%	%
0,75	2	4	6	12	8	4	10	14	2
1,50	2	4	6	12	8	4	10	14	2
3	3	4	6	13	9	5	10	15	2
4	3	5	6	14	9	8	12	20	2
6	3	6	6	15	9	12	12	24	3
8	3	7	7	17	10	16	16	32	3
10	4	9	8	21	12	20	20	40	3
12	5	10	10	25	15	50	25	75	4
18	6	—	12	*	18	**	—	—	4
20	6	—	15	*	21	**	—	—	5

* Bei diesen Stärken war eine Falzung nicht mehr möglich.
** Diese Streifen konnten bei TÜRK nur noch mit 6-mm-Deckstreifen gearbeitet werden.

Außerdem können derartig schmale Streifen bei der Nitschelung auf der TÜRK-Vorgarnmaschine nur mit 6-mm-Deckstreifen am Streifenzylinder gearbeitet werden, damit die Nitschelung überhaupt einwandfrei durchzuführen ist. Ein solches Arbeiten muß aber ausscheiden, da dann bei einer 2000 mm breiten Vorgarnmaschine nur 250 statt 400 Streifen herauslaufen.

Bedarf an Arbeitskräften und Energie

Arbeitskräfte für den papiertechnischen Teil:

Für eine Anlage mit zwei ISSENMANN-Vorgarnmaschinen (je 2000 mm Breite) werden bei 3 Schichten von je 8 Std. und bei automatischem An- und Abtransport des Materials bis zur Spinnmaschine benötigt:

3 Kollergangführer,
3 Holländermüller,
3 Maschinenführer,
3 Abnehmer,
1 Schmierer und
1 Meister.

Für vier Vorgarnmaschinen werden 6 Arbeitskräfte mehr gebraucht.

Arbeitskräfte für den spinntechnischen Teil:

Bei Nitschelung des Bandes auf der Spinnmaschine, bei Bedienung von 60 Spindeln durch eine Spinnerin und bei automatischem Abtransport des Fertiggutes von der Spinnmaschine werden je nach Garnstärke 8—16 Arbeitskräfte benötigt.

Energiebedarf für den papiertechnischen Teil:

Bei Tag- und Nachtbetrieb von zwei ISSENMANN-Vorgarnmaschinen stellt sich der Kraftbedarf wie folgt:

1 Kollergang	22	PS
2 Holländer	70	PS
1 Bütte mit Stoffpumpe	8	PS
2 Vorgarnmaschinen	20	PS
2 Knotenfänger	2	PS
2 Abwasserpumpen	14	PS
1 Frischwasserpumpe	12	PS
	148	PS
Antriebsverluste	14,8	PS
Gesamtkraftverbrauch	162,8	PS

Zwei TÜRK-Vorgarnmaschinen mit maschinenbreiten Nitschelwerken benötigen 12 PS mehr als oben für die ISSENMANN-Vorgarnmaschinen angegeben, also 32 PS.

Energiebedarf für den spinntechnischen Teil:

Das Spinnen mit Nitscheln auf der Spinnmaschine erfordert 3,5 PS für 100 Spindeln. Zwei Vorgarnmaschinen beliefern je nach Garn-Nummer 750—1500 Spindeln. Insgesamt ist also mit einem Verbrauch von etwa 27—53 PS, mit Antriebsverlusten rund 30—59 PS zu rechnen.

Kalkulation einer Erzeugung verschiedener Garn-Nummern

Die nachfolgenden Aufstellungen beziehen sich auf die Arbeit mit zwei ISSENMANN-Vorgarnmaschinen (je 2000 mm Arbeitsbreite) und betreffen den Umwandlungsprozeß von der Rohzellulose im Lager bis zum fertigen Scheibenblock, wie er auf die Spinnmaschine mit Nitschelwerk bei einem Trockengehalt von 37—38% atro aufgelegt wird.

Den Aufstellungen ist ein 24-Stunden-Betrieb zugrunde gelegt. Ein täglicher Stillstand von ½ Stunde für Filz-, Sieb- und Dichtungswechsel und sonstige Zwischenfälle ist abgesetzt und damit den Erfahrungen der Praxis Rechnung getragen.

Löhne und Materialpreise sind dem Jahre 1920 entnommen, in dem die Entwertung der Mark schon weit fortgeschritten war.

Verzinsung, Abschreibung, Versicherung, Steuern usw. sind nicht eingerechnet worden. Gleichfalls unberücksichtigt blieben die Kosten der Trockenzylinderbeheizung, da diese sich nach den örtlichen Kohlen- und Kraftverhältnissen richten.

Einen Anhalt über die Kosten des Ausspinnprozesses kann die Aufstellung S. 78 vermitteln.

Kalkulation

für 2 ISSENMANN-Maschinen je 2000 mm Arbeitsbreite
bei 32 m Liefer-Geschwindigkeit/Minute

Erzeugung Nm 0,75 und 1½ im 24-Stunden-Betrieb
(23 ½ Arbeitsstunden je Tag)

Produktion je Jahr bei 300 Arbeitstagen Nm 0,75			3067800 kg
Nm 1½			1962000 kg
Löhne			
1 Mann Kollergang	1,90 M/Std.	1,90 M	
2 Mann Holländer	1,90 M/ „	3,80 M	
1 Maschinenführer	2,50 M/ „	2,50 M	
1 Maschinengehilfe	2,00 M/ „	2,00 M	
2 Abnehmer	1,90 M/ „	3,80 M	
1 Schmierer, Rep.	2,30 M/ „	2,30 M	
1 Meister	3,00 M/ „	3,00 M	
		19,30 M	138960 M
Überstunden für Bespannungswechsel u. s. f. alle 7 Tage 2 Mann je 4 Stunden			1248 M
Kraftbedarf je 100 kg Vorgarn 130 kW			
Nm 0,75 3982140 kW je 10 Pf.		398200 M	
Nm 1½ 2550000 kW je 10 Pf.			255000 M
Schmiermaterial			
Öl 3 kg/Tag je 2,50 M	7,50 M		
Fett 1 kg/Tag 3,00 M	3,00 M		
Sonstiges/Tag	2,00 M		
	12,50 M/Tag	3750 M	3750 M
Maschinenbespannung			
Naßfilze Nm 0,75 21 St./Jahr		46200 M	
Naßfilze Nm 1½ 20 St./Jahr			44000 M
Preis 2200 M/Stück			
Obertücher Nm 0,75 7 St./Jahr		22400 M	
Nm 1½ 7 St./Jahr			22400 M
Preis 3200 M/St.			
Rundsiebe 3 St./Jahr			
Preis 2600 M/St.		7800 M	7800 M
Preßwalzen mit Gummibezug			
2 St. 400 mm Durchm. 3 Jahre Laufzeit			
Preis je 3600 M	7200 M		
4 St. 280 mm Durchm. 3 Jahre Laufzeit			
Preis je St. 2400 M	9600 M		

Preßwalzen mit Gummibezug (Fortsetzung)

4 St. 250 mm Durchm. 3 Jahre Laufzeit Preis je St. 1500 M	6000 M		
	22800 M	7600 M	7600 M

Gautschwalzenbezüge. Die Bewicklung erfolgt durch alte Naßfilze.

Beleuchtung. 50 Brennstellen je 10 M/Jahr		500 M	500 M
Reparaturen im Jahr an Material		1000 M	1000 M

Sonstiges Material

Riemen	700 M		
Schläuche	500 M		
Dichtungen	300 M		
Putzmaterial	200 M		
	8000 M	8000 M	8000 M

Regiezusammenstellung

	für Nm 0,75	*für Nm 1½*
Löhne	138960 M	138960 M
Überstunden	1248 M	1248 M
Kraftbedarf	398200 M	255000 M
Schmiermaterial	3730 M	3730 M
Naßfilze	46200 M	44000 M
Obertücher	22400 M	22400 M
Rundsiebe	7800 M	7800 M
Preßwalzen	7600 M	7600 M
Beleuchtung	500 M	500 M
Reparaturen	1000 M	1000 M
Sonstiges Material	8000 M	8000 M
	635638 M/Jahr	490238 M/Jahr

Produktion Nm 0,75 3067800 kg	0,208 M/kg	
Produktion Nm 1½ 1962000 kg		0,250 M/kg

Rohstoffe

Zellulose

3067800 — 2% Verlust = 3006444 kg Preis 1,00 M/kg	3006444 M	
1962000 — 2% Verlust = 1922760 kg Preis 1,00 M/kg		1922760 M

Kaolin		
6802 Holländer/450 kg		
je Holländer 10 kg		
68020 kg Preis 20,00 M/100 kg	13604 M	
4351 Holländer/450 kg je Holländer 10 kg		
43510 kg je 20,00 M/100 kg		8702 M
Tonerde		
6802 Holländer/450 kg je 2 kg		
13604 kg Preis 55,00 M/100 kg	7482 M	
4351 Holländer/450 kg je 2 kg		
8702 kg Preis 55,00 M/100 kg		4786 M
	3027530 M	1936248 M
Produktion 3067800 kg	0,987 M/kg	
Produktion 1962000 kg		0,987 M/kg

Nm 0,75

Regiekosten je kg Vorgarn	0,208 M
Rohstoffkosten je kg Vorgarn	0,987 M
Gesamtkosten	1,195 M

Nm 1½

Regiekosten je kg Vorgarn	0,250 M
Rohstoffkosten je kg Vorgarn	0,987 M
Gesamtkosten	1,237 M

Kalkulation

für 2 ISSENMANN-Vorgarnmaschinen je 2000 mm Breite
bei 32 m Liefer-Geschwindigkeit/Minute

Erzeugung Nm 3 und Nm 6 im 24-Stunden-Betrieb
bei 23½ Arbeitsstunden/Tag
bei 8 und 5 mm Bandbreite und 3 mm Deckstreifen.

Produktion im Jahr von 300 Arbeitstagen	
Nm 3	1754000 kg
Nm 6	903000 kg

Löhne

1 Mann Kollergang	1,90 M/Std.	1,90 M		
1 Holländermüller	2,10 M/ „	2,10 M		
1 Maschinenführer	2,50 M/ „	2,50 M		
1 Maschinengehilfe	2,00 M/ „	2,00 M		
1 Abnehmer	1,90 M/ „	1,90 M		
1 Schmierer	2,30 M/ „	2,30 M		
1 Meister	3,00 M/ „	3,00 M		
		15,70 M	123400 M	123400 M

Überstunden für Bespannungswechsel u. s. f. alle 7 Tage 2 Mann je 4 Std.		1248 M	1248 M
Kraftbedarf je 100 kg Vorgarn 130 kW			
Nm 3 2280000 kW je 10 Pf.		228000 M	
Nm 6 1174000 kW je 10 Pf.			117400 M
Schmiermaterial			
Öl 2 kg/Tag je 2,50 M	5,00 M		
Fett 1 kg/Tag je 3,00 M	3,00 M		
Sonstiges/Tag 2,00 M	2,00 M		
	10,00 M/Tag	3000 M	3000 M
Maschinenbespannung			
Nm 3 18 Naßfilze/Jahr je	2200 M	39600 M	
Nm 6 16 Naßfilze/Jahr je	2200 M		35200 M
Obertücher 6 St./Jahr je	3200 M	19200 M	19200 M
Rundsiebe 3 St./Jahr je	2600 M	7800 M	7800 M
Preßwalzen mit Gummibezug, Laufzeit 3 Jahre			
2 Walzen 400 mm Durchm. je	3600 M	7200 M	
4 Walzen 280 mm Durchm. je	2400 M	9600 M	
4 Walzen 240 mm Durchm. je	1500 M	6000 M	
		22800 M	
Verbrauch im Jahr		7600 M	7600 M
Gautschwalzenbezüge. Die Bewicklung erfolgt durch alte Naßfilze.			
Beleuchtung. 50 Brennstellen je 10 M/Jahr		500 M	500 M
Reparaturen im Jahr an Material		1000 M	1000 M
Sonstiges Material			
Riemen	5000 M		
Schläuche	800 M		
Dichtungen	250 M		
Putzmaterial	200 M		
	6250 M	6250 M	6250 M

Regiezusammenstellung

	für Nm 3	*für Nm 6*
Löhne	123400 M	123400 M
Überstunden	1248 M	1248 M
Kraftbedarf	228000 M	117400 M
Schmiermaterial	3000 M	3000 M
Naßfilze	39600 M	35200 M
Obertücher	19200 M	19200 M
Rundsiebe	7800 M	7800 M
Preßwalzen	7600 M	7600 M
Beleuchtung	500 M	500 M
Reparaturen	1000 M	1000 M
Sonstiges Material	6260 M	6260 M
	437608 M/Jahr	322608 M/Jahr

Produktion 1754000 kg	0,250 M/kg	
Produktion 903000 kg		0,360 M/kg

Rohstoffe

Zellulose		
1754000 kg — 2% Verlust		
1718930 kg 1,00 M/kg	1718920 M	
903000 kg — 2% Verlust		
885000 kg 1,00 M/kg		885000 M
Kaolin		
3831 Holländer/450 kg/10 kg		
38310 kg 20,00 M/100 kg	7662 M	
2006 Holländer/450 kg/10 kg		
20060 kg 20,00 M/100 kg		4012 M
Tonerde		
3831 Holländer/450 kg je 2 kg		
7662 kg 55,00 M/100 kg	4214 M	
2006 Holländer/450 kg je 2 kg		
4012 kg 55,00 M/100 kg		2212 M
	1730796 M	891224 M

Produktion 1754000 kg	0,987 M/kg	
Produktion 903000 kg		0,987 M/kg

Nm 3

Regiekosten je kg Vorgarn	0,250 M
Stoffkosten je kg Vorgarn	0,987 M
Gesamtkosten	1,237 M

Nm 6

Regiekosten je kg Vorgarn	0,360 M
Stoffkosten je kg Vorgarn	0,987 M
Gesamtkosten	1,347 M

Kalkulation

für 2 ISSENMANN-Vorgarnmaschinen, je 2000 mm Breite
bei 28 m Liefer-Geschwindigkeit/Minute

Erzeugung Nm 9 und Nm 12 im 24-Stunden-Betrieb bei 23 ½ Arbeitsstunden/Tag bei 3 mm Bandbreite und 3 mm Deckstreifen

Produktion im Jahr von 300 Arbeitstagen

Nm 9	790000 kg
Nm 12	664000 kg

Löhne

1 Mann am Kollergang	1,90 M/Std.	1,90 M		
1 Holländermüller	2,10 M/ „	2,10 M		
1 Maschinenführer	2,50 M/ „	2,50 M		
1 Abnehmer	1,90 M/ „	1,90 M		
1 Schmierer, Reparat.	2,30 M/ „	2,30 M		
1 Meister	3,00 M/ „	3,00 M		
		13,70 M	98640 M	98640 M

Überstunden für Bespannungswechsel u. s. f.		
2 Mann je 4 Stunden/Woche	1248 M	1248 M

Kraftbedarf je 100 kg Vorgarn 130 kW

Nm 9	927000 kW	je 10 Pf.	102700 M	
Nm 12	863200 kW	je 10 Pf.		86320 M

Schmiermaterial

Öl 2 kg/Tag	je 2,50 M	5,00 M		
Fett 1 kg/Tag		3,00 M		
Sonstiges/Tag		2,00 M		
		10,00 M/Tag	3000 M	3000 M

Maschinenbespannung

Nm 9. 16 Naßfilze/Jahr, Preis je 2200 M	35000 M	
Nm 12. 15 Naßfilze/Jahr, Preis je 2200 M		33000 M

Maschinenbespannung (Fortsetzung)

Obertücher 5 St./Jahr für Nm 9			
Preis 3200 M/St.		16000 M	
Obertücher 5 St./Jahr für Nm 12			
Preis 3200 M/St.			16000 M
Rundsiebe			
2½ St./Jahr je 2600 M		6500 M	6500 M
Preßwalzen mit Gummibezug			
Laufzeit 3 Jahre			
2 Walzen 400 mm Durchm.			
je 3600 M	7200 M		
4 Walzen 280 mm Durchm.			
je 2400 M	9600 M		
4 Walzen 250 mm Durchm.	6000 M		
	22800 M	7600 M	7600 M
Gautschwalzenbezüge			
Die Bewicklung erfolgt durch alte Naßfilze.			
Beleuchtung: 50 Brennstellen je 10 M/Jahr		500 M	500 M
Reparaturen im Jahr an Material		1000 M	1000 M
Sonstiges Material			
Riemen	4000 M		
Schläuche	400 M		
Dichtungen	200 M		
Putzmaterial	200 M		
	4800 M	4800 M	4800 M

Regiezusammenstellung

	für Nm 9	*für Nm 12*
Löhne	98640 M	98640 M
Überstunden	1248 M	1248 M
Kraftbedarf	102700 M	86320 M
Schmiermaterial	3000 M	3000 M
Naßfilze	35000 M	33000 M
Obertücher	16000 M	16000 M
Rundsiebe	6500 M	6500 M
Preßwalzen	7600 M	7600 M
Beleuchtung	500 M	500 M
Reparaturen	1000 M	1000 M
Sonstiges Material	4800 M	4800 M
	276988 M/Jahr	258600 M/Jahr

Produktion 790000 kg	0,350 M/kg	
Produktion 664000 kg		0,390 M/kg

Rohstoffe

Zellulose		
790000 kg — 2% Verlust		
758400 kg 1,00 M/kg	758400 M	
664000 kg — 2% Verlust		
650720 kg 1,00 M/kg		650720 M
Kaolin		
1755 Holländer/450 kg je 10 kg		
17550 kg 20,00 M/100 kg	3510 M	
1453 Holländer/450 kg je 10 kg		
14530 kg 20,00 M/100 kg		2806 M
Tonerde		
1755 Holländer/450 kg je 2 kg		
3510 kg 55,00 M/100 kg	1930 M	
1453 Holländer/450/kg je 2 kg		
2906 kg 55,00 M/100 kg		1598 M
	763840 M	655140 M

Produktion 790000 kg Nm 9	0,987 M/kg	
Produktion 664000 kg Nm 12		0,987 M/kg

Nm 9	
Regiekosten je kg Vorgarn	0,350 M
Rohstoffkosten je kg Vorgarn	0,987 M
Gesamtkosten	1,337 M
Nm 12	
Regiekosten je kg Vorgarn	0,390 M
Rohstoffkosten je kg Vorgarn	0,987 M
Gesamtkosten	1,377 M

Kalkulation der Bindfadenerzeugung

Zum Schluß seien noch einige Anhaltspunkte für die Herstellung von Bindfaden niedergelegt, wie sie sich bei der Verarbeitung von Zellulon im Jahre 1919 ergeben haben. *Produziert* wurden bei einem

24-Stunden-Betrieb der Vorgarn- und Poliermaschinen und
16-Stunden-Betrieb der Spinn-Zwirn- und Drahtmaschinen

von 2 ISSENMANN-Vorgarnmaschinen bei Nm 1½
6540 kg/Tag, und hieraus wurden gefertigt
6200 kg Bindfaden je Tag.

An Kraft wurden benötigt:

2 ISSENMANN-Maschinen	20 PS
2 Knotenfänger	2 PS
1 Kollergang	22 PS
2 Holländer	70 PS
1 Bütte	10 PS
3 Poliermaschinen m. Zubehör	45 PS
Spinn- und Zwirnmaschinen	20 PS
15 Knäuelwickelmaschinen	10 PS
Wasserversorgung 1500 l/min	30 PS
	229 PS
Antriebsverluste	20 PS
	249 PS

Rohstoff-Verbrauch

Zellstoff	6540 kg + 2% Verlust = 6700 kg Preis 1,00 M/kg	6 700,00 M/Tag
Tonerde	30 kg/Tag Preis 55,00 M/100 kg	16,50 M/Tag
Kaolin	150 kg/Tag Preis 20,00 M/100 kg	30,00 M/Tag
		6746,50 M/Tag

Umwandlungs-Prozeß

Der Umwandlungs-Prozeß eines Garnes Nm 1½ von der Vorgarnmaschine bis zum fertigen Bindfaden stellte sich wie folgt:

Spinnlohn	0,50 M
Drahtmaschinen	0,25 M
Poliermaschinen	0,10 M
Trocknung	0,10 M
Knäuelwicklung	0,15 M
Packerei	0,10 M
	1,20 M/kg

Von einem anderen bedeutenden Bindfadenwerk wurde der Umwandlungs-Prozeß wie folgt angegeben:

für starke Sorten	1,30 M/kg
für schwache Sorten	1,80 M/kg

Die damals erzielten Reißlängen stellten sich auf:

4000 m für Papierbindfaden (Spinnpapier),
9000 m für gefalzte Zellulonbänder,
12—13000 m für Hanfbindfaden.

PATENT-VERZEICHNIS*

DRP	vom	ausgegeben	Patentinhaber und Beschreibung
79 272	16. 2. 92	19. 1. 95	*Gustav Türk, Gastein, Salzburg.* Verfahren zur Herstellung von Vorgespinst aus Papiergarn.
93 324	5. 5. 97	29. 6. 97	*Kunstweberei Claviez & Co., G. m. b. H., Leipzig.* Verfahren zur Herstellung von Fäden aus gedrehten Papierstreifen.
101 034	8. 10. 97	13. 1. 99	*Emil Claviez, Leipzig.* Spindel zum Drehen von Papierstreifen zur Herstellung eines Papiergespinstes.
136 371	8. 10. 01	27. 11. 02	*Rudolf Kron jr., Golzern.* Bandtrichter zum Runden und Verdichten von schmalen und papierähnlichen Stoffstreifen aus kurzen Fasern.
140 011	11. 10. 01	11. 3. 03	*Alfred Leinveber, Hilbersdorf b. Chemnitz.* Verfahren zur Herstellung spinnbarer Fäden aus kurzen Fasern.
140 012	26. 11. 01	3. 4. 03	*Alfred Leinveber, Hilbersdorf b. Chemnitz.* Fadenführer für Spinnmaschinen zum Verspinnen von Florbändchen aus kurzen Fasern.
140 666	20. 2. 02	18. 4. 03	*Alfred Leinveber, Hilbersdorf b. Chemnitz.* Vorrichtung zum Abführen von nebeneinanderliegenden, aus beliebigem Gut bestehenden Bändern und Streifen.
162 790	22. 9. 03	14. 9. 05	*Rudolf Kron, Golzern i. Sa.* Liefervorrichtung für Maschinen zum Verspinnen feuchter Bändchen aus kurzen Faserstoffen.
162 862	8. 5. 02	7. 8. 05	*Rudolf Kron, Golzern b. Grimma.* Verfahren, den Spinn- und Zwirnmaschinen usf. schmale Streifen aus kurzen Fasern vorzulegen.
166 462	1. 3. 04	28. 12. 05	*Kurt Leonhardt, Heidenheim/Brenz.* Gautschwalze für Papiermaschinen u. dgl. mit am Umfang vorgesehenen Nuten zur Ableitung des ausgepreßten Wassers.
167 047	1. 4. 03	24. 1. 06	*Patentspinnerei A.-G. in Altdamm b. Stettin.* Verfahren zum Aufwickeln von ungewürgelten, noch feuchten Bändchen aus kurzen Fasern, wie Papier u. dgl.

* Personen-, Orts- und Sachangaben nach dem Wortlaut der Patentschriften.

DRP	vom	ausgegeben	Patentinhaber und Beschreibung
167 302	28. 4. 03	1. 2. 06	*Rudolf Kron jun., Golzern i. Sa.* Vorrichtung zur Herstellung einer Wickelrolle aus feuchten Stoffstreifen (Papier, Asbest u. dgl.).
167 490	16. 7. 02	30. 1. 06	*Patentspinnerei A.-G., Altdamm.* Verfahren und Einrichtung zum Verspinnen von kurzen Fasern, wie Zellulose, Holzschliff, Papier, Asbest u. dergl.
181 585	31. 7. 04	4. 3. 07	*Emil Claviez in Adorf, Vogtland.* Spinnspindel zur Herstellung von Papiergarnen aus Papierstreifen.
185 133	24. 9. 02	21. 5. 07	*Dr. Carl Kellner, Hallein b. Salzburg.* Vorrichtung zur Erzeugung spinnbarer rauhkantiger Faserbändchen.
185 893	24. 7. 02	9. 6. 07	*Dr. Carl Kellner, Hallein b. Salzburg.* Verfahren und Vorrichtung zur Herstellung rauhkantiger Faserfilzbänder aus kurzfaserigen Stoffen.
186 575	24. 3. 05	4. 7. 07	*Emil Claviez, Adorf i. Vogtland.* Verfahren zur Herstellung von Papiergarnen aus der fertigen Papierbahn.
187 673	24. 9. 02	20. 8. 07	*Dr. Carl Kellner, Hallein, Salzburg.* Vorrichtung zum vollständigen oder unvollständigen Teilen einer nassen zusammenhängenden Faserstoffbahn in rauhkantige spinnfähige Faserstoffstreifen.
187 820	21. 9. 05	30. 7. 07	*Sophia Funke geb. Coerschulte, Wilhelmshagen bei Berlin.* Vorrichtung zum Runden von Papierstreifen für die Herstellung von Papiergarn.
193 049	4. 4. 03	13. 12. 07	*Rudolf Kron jr., Golzern i. Sa.* Vorrichtung zur unvollständigen Teilung oder zum Furchen nasser, in der Entstehung begriffener Stoffbahnen.
194 354	1. 6. 06	15. 1. 08	*Sophia Funke geb. Coerschulte, Goslar/Harz.* Verfahren zur Herstellung von Papiergarnen aus schmalen Streifen.
194 761	17. 10. 05	29. 1. 08	*Carl Hamel A.-G., Schönau bei Chemnitz.* Spinnmaschine zum Verspinnen von Zellstoffstreifen.
197 795	27. 5. 06	28. 4. 08	*John Dymock in Stockport (Chester, Engl.).* Vorrichtung zur Herstellung von Schnur oder Bindfaden aus Papierstreifen mittels eines Rundungstrichters.
209 952	17. 7. 07	15. 5. 09	*Ludwig König in Berlin.* Vorrichtung zur Herstellung von Papiergarn.
224 420	6. 2. 08	20. 7. 10	*Emil Claviez, Adorf (Vogtland).* Verfahren zur Herstellung eines aus Textil- und Papierfasern zusammengesetzten Garnes.

DRP	vom	ausgegeben	Patentinhaber und Beschreibung
230 476	12. 10. 09	28. 1. 11	*John Dymock in Stockport, Großbrit.* Verfahren und Vorrichtung zur Herstellung von Schnur oder Bindfaden mit Papierumhüllung.
232 266	28. 7. 06	10. 3. 11	*Klein, Hundt & Co. in Düsseldorf.* Spinnmaschine zur Herstellung von Garn aus Streifen trockenen Papiers mit Anfeuchtwalze für die zu verspinnenden Papierstreifen.
232 248	10. 10. 08	11. 3. 11	*Rudolf Kron, Golzern i. Sa.* Vorrichtung zum Spinnen von Papierstreifen mittels Tellerspindeln.
235 828	5. 2. 23	22. 6. 11	*Emil Claviez, Adorf (Vogtland).* Verfahren zur Herstellung eines aus Textil- und Papierfasern zusammengesetzten Garnes
238 939	11. 2. 10	7. 10. 11	*Emil Claviez, Adorf (Vogtland).* Vorrichtung zum zweiseitigen Belegen von Papierbahnen mit einem Vlies aus Papierfasern als Rohstoff für die Erzeugung von Garn.
253 208	9. 12. 11	2. 11. 12	*Klein, Hundt & Co., Düsseldorf.* Ausrückvorrichtung für Papierspinnmaschinen mit Anfeuchtvorrichtung.
262 112	31. 8. 11	5. 7. 13	*Alfred Leinveber, Chemnitz.* Vorrichtung zur Herstellung von Garnen, insbesondere Papierstoffgarnen aus kurzen Fasern, wie Zellulose und ähnlicher Stoffe.
269 283	18. 3. 13	17. 1. 14	*Ferd. Emil Jagenberg, Düsseldorf.* Vorrichtung zum abnehmenden Anfeuchten in Rollen gewickelter und zu verspinnender Papierstreifen.
270 465	13. 11. 12	16. 2. 14	*Textilose G. m. b. H., Berlin.* Verfahren zur Erzielung gleichmäßiger Papiergarne, die ganz oder teilweise aus Papier bestehen.
270 921	17. 3. 28	26. 2. 14	*Ferd. Emil Jagenberg, Düsseldorf.* Vorrichtung zum abnehmenden Anfeuchten in Rollen gewickelter und zu verspinnender Papierstreifen.
272 218	19. 1. 13	27. 3. 14	*Ferd. Franz Rotter sen., Oberhohenelbe/Böhmen.* Verfahren zur Erzeugung von Gespinsten aus vegetabilischen Fasern.
272 903	28. 12. 12	14. 4. 14	*Mech. Seilerwarenfabrik A.-G., Alf a. d. Mosel.* Vorrichtung zum Spinnen von Papierfäden, bei welcher ein Papierstreifen, gegebenenfalls mit Textilfadeneinlage, mit seinen seitlichen Rändern eingerollt wird.
273 657	20. 12. 12	5. 5. 14	*Emil Claviez, Adorf (Vogtland).* Vorrichtung zur Erzielung einer gleichmäßigen Befeuchtung zu verspinnender Papierstreifen und ähnlichen Gutes.

DRP	vom	ausgegeben	Patentinhaber und Beschreibung
275 281	11. 3. 13	13. 6. 14	*Erste Österreichische Jutespinnerei und Weberei, Wien.* Spinnmaschine zur Herstellung von Papiergarn aus Papierstreifen mit einer vor den Lieferwalzen angeordneten Anfeuchtvorrichtung.
276 165	4. 6. 13	6. 7. 14	*Carl Hamel A.-G., Schönau b. Chemnitz.* Abstellvorrichtung der Abzugrolle und des Wickelzylinders für Tellerspinnmaschinen.
278 994	30. 8. 26	7. 10. 14	*Alfred Leinveber, Chemnitz.* Verfahren zur Herstellung von Garnen, insbesondere Papierstoffgarnen aus kurzen Fasern, wie Zellulose, Holzstoff, Papierstoff, Asbest und ähnlichen Stoffen.
279 241	17. 12. 12	15. 10. 14	*Ferd. Emil Jagenberg, Düsseldorf.* Vorrichtung zum Anfeuchten in Rollen gewickelter, zu verspinnender Papierstreifen.
280 357	15. 11. 13	12. 11. 14	*Carl Hamel A.-G., Schönau b. Chemnitz.* Spinnteller zum Verspinnen von Papierbändchen zu Papierfäden.
284 074	25. 5. 13	3. 5. 15	*Dr. Max Breslauer, Berlin-Steglitz, und Charles Moriondi, Nanterre-Paris.* Verfahren und Vorrichtung zur Erzeugung von Papierfäden mit Textilfaserbelag.
286 013	24. 4. 13	17. 7. 15	*Mech. Seilerwarenfabrik A.-G., Alf (Mosel).* Mehrteilige Vorrichtung zum Runden der zu verspinnenden Papierstreifen.
287 014	7. 10. 13	9. 9. 15	*Alfred Leinveber, Chemnitz.* Verfahren zur Herstellung von Garnen aus Papier mit Faserstoffeinlage.
288 820	16. 4. 13	16. 11. 15	*Georg Löbecke, Oberlahnstein.* Verfahren zur Herstellung von Papiergarn aus Papierstreifen.
293 150	1. 1. 15	11. 7. 16	*Dr. Gustav Ullmann, Wien.* Verfahren zur gleichmäßigen Befeuchtung der zum Verspinnen vorbereiteten Papierbahnen.
293 339	16. 1. 15	31. 7. 16	*Alfred Leinveber, Chemnitz.* Spinnkapsel für Papiergarne.
293 491	17. 10. 15	14. 8. 16	*Ferd. Emil Jagenberg, Düsseldorf.* Verfahren und Vorrichtung zum Anfeuchten der aus einer trockenen Papierbahn geschnittenen Streifen.
293 605	11. 8. 15	19. 8. 16	*Julius Glatz, Neidenfels bei Lambrecht (Pfalz).* Spinnteller mit einem nach unten führenden Garnabzugtrichter.
294 080	13. 10. 15	16. 9. 16	*Anton u. Josef Funke, Goslar a. Harz.* Aus mehreren Lagen bestehendes Papierflachgarn.

DRP	vom	ausgegeben	Patentinhaber und Beschreibung
294 093	7. 8. 15	13. 9. 16	*Ferd. Emil Jagenberg, Düsseldorf.* Trichter mit kegelförmiger Bohrung zum Pressen und Runden angefeuchteter Papiergarne.
294 180	11. 6. 14	15. 9. 16	*Türk G. m. b. H., Hamburg.* Vorrichtung zur Herstellung von Papiergarn aus Papierstoff durch Nitscheln der auf einem Sieb gebildeten Faserstreifen.
294 380	15. 1. 30	4. 10. 16	*Alfred Leinveber, Chemnitz.* Spinnkapsel mit festem Steg für Papiergarne.
294 792	8. 1. 16	26. 10. 16	*Julius Glatz, Neidenfels, Bayern, Pfalz.* Verfahren zur Herstellung von Papiergarn.
295 040	1. 4. 16	8. 11. 16	*Alfred Leinveber, Chemnitz.* Verfahren zur Herstellung von Papiergarn mittels Tellerspindel.
296 017	1. 1. 16	6. 1. 17	*Sächsische Maschinenfabrik, Rich. Hartmann A.-G., Chemnitz.* Verfahren und Vorrichtung zum Runden streifenförmigen Gutes, insbesondere von Papierstreifen.
299 200	22. 1. 16	2. 9. 19	*Gebr. Franke, Maschinenfabrik, Chemnitz.* Spinnteller für Papiergarn und dgl.
299 658	18. 10. 15	9. 7. 19	*Rudolf Kron, Thalheim i. Erzgeb.* Verfahren zum vollständigen Teilen einer aufgewickelten Papierstoffbahn (Sammelrolle).
299 659	28. 1. 16	25. 8. 19	*Rudolf Kron, Thalheim i. Erzgeb.* Spinnteller für Papierspinnmaschinen.
299 698	18. 10. 15	3. 9. 19	*Rudolf Kron, Thalheim i. Erzgeb.* Verfahren zur Herstellung von Papiergarn.
300 139	11. 6. 12	8. 10. 19	*Max Löser, Dresden.* Verfahren zur Herstellung eines Papierstreifens mit Textilfaserbelag gebildeten Garnes.
300 148	9. 1. 17	15. 9. 19	*Joseph Jochims, München-Gladbach.* Tauchvorrichtung für Spinnpapierrollen.
300 167	8. 1. 16	16. 10. 19	*Josef Sachers, Oppeln, und Robert Fröhlich, Kattowitz (Oberschlesien).* Ausrückvorrichtung für Papierspinnmaschinen.
301 209	12. 5. 17	2. 7. 19	*Anton Funke in Goslar.* Verfahren zur Verhütung des Rostens des Drahtkernes in Papiergarn.
301 210	23. 6. 14	31. 7. 19	*Rudolf Kron, Thalheim i. Erzgeb.* Vorrichtung zur Gewinnung von Flachgarn.
301 220	21. 3. 17	9. 7. 19	*Oskar Hoffmann, Stuttgart.* Papiergarn und Verfahren zu seiner Herstellung.
301 249	15. 8. 16	5. 7. 19	*Julius Glatz, Neidenfels (Rheinpfalz).* Spinnteller, insbesondere für Papierspinnerei.
301 300	21. 1. 31	9. 9. 19	*Gebr. Franke, Chemnitz.* Spinnteller für Papiergarn u. dgl.

DRP	vom	ausgegeben	Patentinhaber und Beschreibung
301 438	17. 10. 16	17. 10. 17	*Türk Gesellschaft m. b. H., Hamburg.* Vorrichung zur Herstellung von Vorgarn aus Papierstoff durch Nitscheln der auf einem Sieb gebildeten Faserstreifen.
301 689	23. 1. 17	30. 6. 19	*Emil Claviez, Adorf (Vogtland).* Verfahren zum Anfeuchten zu verspinnenden Papieres.
301 690	22. 1. 32	2. 7. 19	*Emil Claviez, Adorf (Vogtland).* Verfahren zum Anfeuchten zu verspinnenden Papieres.
301 795	24. 2. 17	13. 9. 19	*Anton Funke, Goslar.* Verfahren zur Herstellung von Papierrundgarn mit Drahteinlage.
303 220	11. 11. 13	8. 11. 19	*Dr. Max Breslauer, Charlottenburg.* Verfahren zur Herstellung von Papiergarn aus Papierstreifen.
303 359	19. 11. 16	20. 9. 19	*Julius Ortmann, München-Gladbach.* Verfahren und Vorrichtung zum Spinnen von Papiergarn auf Flügelspinnmaschinen.
303 369	28. 1. 16	22. 7. 19	*Rudolf Kron, Thalheim i. Erzgeb.* Papierflachgarn mit Metalleinlage, Flachgarngewebe oder Flachgarngeflecht.
304 330	3. 11. 18	17. 10. 19	*Sächsische Maschinenfabrik vorm. Rich. Hartmann A.-G., Chemnitz.* Kapselspinnmaschine.
304 397	19. 5. 17	15. 9. 19	*Carl Wolf, Schweinsburg a. Pl.* Anfeuchtvorrichtung für Papierspinnmasch.
304 563	1. 12. 16	22. 4. 18	*Carl Hamel A.-G., Schönau b. Chemnitz.* Spinnteller mit Auslaufstutzen für Papierspinnerei.
305 079	16. 1. 17	23. 10. 19	*Hannoversche Papierfabriken Alfeld-Gronau vorm. Gebr. Woge A.-G., Alfeld a. d. Leine.* Vorrichtung zum streifenförmigen Teilen der Papierstoffbahnen.
305 609	9. 2. 17	1. 11. 19	*Jutespinnerei Emsdetten G. m. b. H. und Rich. Holthausen, Emsdetten.* Regelbare Befeuchtungsvorrichtung für Papierspinnmaschinen.
306 369	18. 7. 16	23. 9. 19	*Otto Wawrziniok, Dresden.* Verfahren zur Herstellung von Papiergarn und Gewebe aus ihm.
306 448	8. 9. 13	4. 9. 19	*Anton Funke, Goslar.* Verfahren zur Herstellung von Garnen aus Papier- und Textilfaserstoffen.
308 450	30. 9. 17	3. 7. 19	*Friedrich Herig, Karlsruhe i. B.* Tellerspindel zum Verspinnen von Papierstreifen, welche durch eine hohle Spindel hindurch angefeuchtet werden.
308 902	8. 8. 18	9. 11. 18	*Jagenbergwerke A.-G., Düsseldorf.* Vorrichtung zum Abheben der Papierstreifen von der Anfeuchtwalze für Papiermaschinen.

DRP	vom	ausgegeben	Patentinhaber und Beschreibung
309 188	28. 2. 17	28. 8. 19	*Oelwerke Stern-Sonneborn A-G., Hamburg.* Verfahren zur gleichmäßigen Befeuchtung der zum Verspinnen vorbereiteten Papierstreifen.
309 189	17. 4. 17	2. 7. 19	*Julius Glatz, Neidenfels.* Verfahren zur Herstellung bedruckten Papiergarnes.
309 209	27. 11. 17	30. 10. 19	*Julius Gebauer, Charlottenburg.* Verfahren zur Herstellung eines Mischgarnes, insbesondere Papiermischgarnes, aus Bast oder verwandten Pflanzenfasern mit Textilfasern oder angefeuchteten Papierstreifen.
309 269	29. 9. 32	15. 7. 19	*Friedrich Herig, Karlsruhe i. B.* Tellerspindel zum Verspinnen von Papierstreifen, welche durch eine hohle Spindel hindurch angefeuchtet werden.
309 705	20. 11. 17	3. 12. 18	*Rudolf Kron, Luzern.* Metalleinlage für Fäden, Schnüre, Seile, Gewebe u. s. f.
309 875	14. 5. 18	20. 12. 18	*Wilhelm Pferdmenges, Soest.* Vorrichtung zum Anfeuchten von Papierrollen.
310 020	2. 3. 16	20. 11. 19	*Max Süß, Cranzahl i. Sa.* Kapselspindel für Papiergarn.
310 068	20. 10. 17	5. 7. 19	*Braunschweigische A.-G. für Jute- und Flachs-Industrie, Braunschweig.* Verfahren zur Herstellung von durchfärbbaren und rauhfähigen Bind- und Webfäden aus Zellstoff.
310 198	18. 10. 32	5. 7. 19	*Braunschweigische A.-G. für Jute- und Flachs-Industrie, Braunschweig.* Verfahren zur Herstellung von durchfärbbaren und rauhfähigen Bind- und Webfäden aus Zellstoff.
311 009	8. 4. 17	19. 2. 19	*Frankfurter Asbestwerke A-G. Louis Wertheim, Frankfurt a. M.* Spinnmaschine ohne Lieferwalze zur Verarbeitung streifenförmigen Gutes, insbesondere von Papierstreifen.
311 064	27. 2. 18	24. 2. 19	*Erste Österreichische Jutespinnerei und Weberei, Wien.* Verfahren zum Falten und Verspinnen von Papierstreifen.
312 197	8. 6. 17	19. 5. 19	*Textilpapier G. m. b. H., Berlin.* Verfahren zum Verbinden der Enden von Papierstreifen.
312 759	10. 6. 17	5. 6. 19	*Alfred Leinveber, Chemnitz.* Fadenführer mit Querstegen für Papiergarn-Kapselspindeln.
312 893	17. 6. 17	18. 6. 19	*Otto Peuthert, Dresden.* Papiergarn mit Fadeneinlage zu Versteifungen.

DRP	vom	ausgegeben	Patentinhaber und Beschreibung
312 922	8. 5. 17	20. 6. 19	*Albert R. Stern, Cottbus.* Vorrichtung zum Befeuchten zu verspinnender Papierstreifen.
313 315	7. 3. 17	8. 7. 19	*Gustav Fränkel, Hildesheim.* Spinndüse mit auswechselbarem Bremskörper für Spinnteller von Papiergarnmaschinen.
313 640	23. 6. 17	28. 7. 19	*P. u. C. Hackländer, Wermelskirchen.* Anfeuchtvorrichtung für Zwirn- und Papierspinnmaschinen.
313 672	19. 10. 17	15. 7. 19	*Kammgarnspinnerei Bietigheim, Bietigheim.* Vorrichtung zum beiderseitigen Befeuchten zu verspinnender Papierstreifen.
313 716	17. 4. 18	4. 8. 19	*Elsa Neubert geb. Heyne, Mylau i. V.* Falzvorrichtung zur Herstellung mehrlagiger Papierflachgarne.
313 777	30. 4. 18	31. 7. 19	*Sächsische Webstuhlfabrik vorm. Louis Schönherr, Chemnitz.* Fadenbremse für den Auslaufstutzen von Tellerspinnmaschinen, insbesondere zur Herstellung von Papiergarn.
314 305	2. 9. 17	16. 9. 19	*Arthur Fichtner, Oederan i. Sa.* Fadenführer für Papierspinnmaschinen.
315 367	29. 5. 13	22. 10. 19	*Dr. Max Breslauer, Charlottenburg.* Vorrichtung zur Erzeugung von Papierfäden mit Textilfaserbelag.
315 580	27. 2. 17	7. 11. 19	*Jutespinnerei Emsdetten Paul Hecking und Eduard Holthausen, Emsdetten.* Regelbare Befeuchtungsvorrichtung für Papierspinnmaschinen.
315 828	7. 3. 18	13. 11. 19	*J. Heinrich Spoerl, Düsseldorf.* Spulenlagerung für Papiergarnspinnmasch.
316 003	3. 4. 18	18. 11. 19	*Gebr. Funke, Schönau i. Sa., und Alban Schneider, Thum (Erzgeb.).* Spinnteller für mehrere am gleichen Spindelende übereinander angeordnete Papierstreifenrollen.
316 004	23. 8. 18	18. 11. 19	*Jutespinnerei Emsdetten Paul Hecking und Eduard Holthausen, Emsdetten.* Verfahren und Vorrichtung zum Anfeuchten zu verspinnender Papierbänder.
316 068	9. 12. 17	20. 11. 19	*Josef Wagner und Gustav Koch, Jägerndorf (Österreich).* Kapselspinnmaschine zur Herstellung von Papiergarn mit Textilfaserbelag.
316 131	26. 5. 18	21. 11. 19	*Dipl.-Ing. Heinrich Dietz, Kassel.* Vorrichtung für Papierspinnmaschinen zur Regelung der Befeuchtung des Papierstreifens.
316 533	16. 11. 17	29. 11. 19	*Karl H. Hackländer, Wermelskirchen.* Vorrichtung zum Anfeuchten von Papierbändern auf Zwirnmaschinen.

DRP	vom	ausgegeben	Patentinhaber und Beschreibung
316 635	17. 2. 18	5. 12. 19	*Türk-Gesellschaft m. b. H., Hamburg.* Vorrichtung zur Herstellung von Faserbändchen aus Papierstoff.
316 986	16. 4. 18	8. 12. 19	*Gebr. Funke, Schönfeld i. Sa., und Alban Schneider, Thum (Erzgeb.).* Spinnteller für mehrere am gleichen Spindelende übereinander angeordnete Papierstreifenrollen.
317 028	31. 2. 17	8. 12. 19	*Exportingenieure für Papier- und Zellstofftechnik G. m. b. H., Berlin.* Verfahren zur Herstellung eines Mischgarnes aus Asbest- und Textilfasern.
317 813	3. 1. 19	29. 12. 19	*Türk-Gesellschaft m. b. H., Hamburg.* Vorrichtung zur Herstellung von Faserbändchen aus Papierstoff.
317 839	23. 2. 18	31. 12. 19	*Türk-Gesellschaft m. b. H., Hamburg.* Langsiebpapiermaschine zur Herstellung schmaler Papierstoffstreifen.
317 958	9. 3. 18	8. 1. 20	*Carl Issenmann, Erlangen.* Verfahren zum Vorbereiten von Papierstoffstreifen zur Behandlung auf der Spinn- oder Zwirnmaschine.
317 959	20. 2. 17	9. 1. 20	*Türk-Gesellschaft m. b. H., Hamburg.* Vorrichtung zum Ableiten und Verteilen der im Naßspinnverfahren hergestellten Papierstoffstreifen.
317 974	15. 3. 18	8. 1. 20	*Carl Issenmann, Erlangen.* Vorrichtung zur Herstellung von Vorgarn auf der Papiermaschine.
319 282	8. 11. 18	27. 2. 20	*Anton Funke, Arnsberg i. W.* Verfahren zur Herstellung von Mischgarn aus Textilfasern und Papier.
319 993	25. 5. 18	8. 4. 20	*Sächsische Webstuhlfabrik, Chemnitz.* Vorrichtung zur Herstellung von Mischgarnen (Zwirnen) aus Papierstreifen und Textil- oder anderen Faserstoffen für Tellerspinnmaschinen.
320 312	4. 7. 13	19. 4. 20	*Thomas Alexander Boyd und J. u. T. Boyd, Ltd. Glasgow.* Ausrückvorrichtung für Papierspinnmaschinen mit Befeuchtungseinrichtung.
320 319	15. 1. 18	21. 4. 20	*Heinrich Pferdmenges, Rheydt bei Düsseldorf.* Anfeuchtvorrichtung für Papierspinnerei.
322 146	23. 1. 18	31. 6. 20	*Carl Hamel, A.-G., Schönau b. Chemnitz.* Doppeldrahtspinnmaschine.
324 307	29. 12. 16	24. 8. 20	*Türk-Gesellschaft m. b. H., Hamburg.* Verfahren zur Herstellung von Garn, Zwirn oder Bindfaden aus Zellstoff.
325 775	4. 9. 18	17. 9. 20	*Türk-Gesellschaft m. b. H., Hamburg.* Vorrichtung zum Ableiten und Verteilen der im Naßspinnverfahren hergestellten Papierstoffstreifen.
341 328	10. 1. 20	29. 9. 21	*Kurt Leonhardt, Hillegossen bei Bielefeld.* Nitschelwerk für Spinnmaschinen.

LITERATUR

1 E. Battandier, Papiergarne und ihre Verwendung, Industrie textile 56 (1939) S. 167—69. Ref. Melliand Textilber. 21 (1940) S. 424 und C. 1939 II 563.

2 G. Blum, Spinnpapier als Ersatzmittel in der Juteindustrie, Svensk Pappersmasse-Tidn. 57 (1941) S. 208 und Svensk Papperstidn. 44 (1941) S. 356—61. Ref. Papier-Fabr. 40 (1942) LA 5.

3 W. Brecht, Die Messung der Naßfestigkeit von Papieren, Papier 1 (1947) S. 126 bis 32.

4 — —, Schaffung einer Technologie der Naßfestigkeit vom Papier, Papier 1 (1947) S. 145—47.

5 — —, Technologische Kennzeichnung eines Sulfitzellstoffes für Feingarn-Spinnpapiere, Papier 1 (1947) S. 216—18.

6 — —, Der Einfluß von Feuchtigkeit und Wassergehalt auf die Eigenschaften eines Spinnpapiers, Melliand Textilber. 28 (1947) S. 367—71. Ref. Papier 2 (1948) S. 28.

7 — —, Entwicklungen, Papier 2 (1948) S. 437—41.

8 — —, Über die Angabe des Wassergehaltes und der Wasseraufnahme von Papier, Papier 2 (1948) S. 18—22.

9 W. Brecht und A. Bauer, Über die Spaltfestigkeit mehrlagig gegautschter Papiere und Kartons, Papier 2 (1948) S. 225—28. 288—90.

10 W. Busch, Papiergarne und ihre heutigen Verwendungsgebiete, Wbl. f. Papierfabr. 77 (1949) S. 14—15.

11 — —, Neuzeitliche Papiergarne, Kunstseide und Zellwolle 27 (1949) S. 118—19.

12 J. Chiaverina, Faserstruktur und Mahlung, Ass. Techn. Ind. Papetière 1 (1947) (Nr. 5) S. 67. Ref. Papier 3 (1949) S. 94.

13 J. A. Clark, Verbesserung im Gautschen und Pressen der Blätter für die Zellstoffprüfung, Paper Ind. 29 (1947) S. 992. Ref. Papier 2 (1948) S. 456.

14 G. Faldner, Das Spinnpapier und der Einfluß der Feucht- und Spinnmethoden auf die Festigkeitswerte der Papiergarne, Melliand Textilber. 26/27 (1945/46) S. 45—47, 175—81.

15 H. W. Fiedler und H. Wild, Beiträge zur Kenntnis der Imprägnierwirkung bei Papier und Papiererzeugnissen I. Die Feuchtigkeitsaufnahme imprägnierter und nichtimprägnierter Papiergarne, Melliand Textilber. 22 (1941) S. 218—20.

16 H. W. Fiedler und E. Estel, Beiträge zur Kenntnis der Imprägnierwirkung bei Papier und Papiererzeugnissen II. Über den Einfluß von Imprägniermitteln auf die Festigkeitseigenschaften von Papiergarnen, Melliand Textilber. 23 (1942) S. 499—500.

17 W. Frenzel, Cellulose als Spinnstoff, Mschr. f. Textilind. 35 (1920) S. 15 (C. 1920 II 567).

18 — —, Über die Verarbeitungseigenschaften von Spinnpapier, Melliand Textilber. 21 (1940) S. 52—54. Ref. Bastfaser 1 (1940) S. 76.

19 F. Frisch, Cellulongarnherstellung, Wbl. f. Papierfabr. 50 (1919) S. 2962—65, 3106—09, 3249—51 (C. 1920 II 206—07).

20 K. Gläser, Färben und Nachbehandeln von Papiergarnen und -geweben, Melliand Textilber. 22 (1941) S. 85—86.

21 W. Heinke, Papierstoffgarne und -gewebe. Geschichte, Herstellung und Verwendung. (Diss. TH Dresden). Berlin (Berg & Schoch) 1916.

22 — —, Handbuch der Papiergarnspinnerei und -weberei. Berlin (Berg & Schoch) 1917.

23 — —, Das Spinnpapier, seine Rohstoffe, Herstellung und Prüfung. Dresden (Selbstverlag) 1917.

24 — —, Neues über Papiergarne und -gewebe. Dresden (M. E. Fischer) 1917.

25 W. HEINKE und E. O. RASSER, Handbuch der Papier-Textil-Industrie. Dresden (O. H. Hörisch) 1919.

26 H. S. HILL, J. EDWARDS und L. R. BEACH, Gekräuselte Zellstoff-Fasern. Eine neue Verbesserung bei der Zellstoff-Herstellung. Paper Trade J. 128 (1949) (11) S. 19—27. (C. 1949 II 713): vgl. auch A. Koller (33).

27 HÖLSCHER, Die Bedeutung der Papiergarn-Industrie für das deutsche Wirtschaftsleben, Kunststoffe 8 (1918) S. 171—72, 181—83.

28 H. HORMANN, Die Blattbildung auf dem Rundsieb, Wbl. f. Papierfabr. 77 (1949) S. 387—90.

29 W. KILPPER, Ein meßtechnisches Kriterium für die Faserkrümmung, Papier 1 (1947) S. 20—25.

30 — —. Über den Krümmungsfaktor verschiedener Papierfaserstoffe, Papier 1 (1947) S. 173—82; 218—22 und Papier 2 (1948) S. 58—63, 228—37.

31 — —. Entwicklung einer Schnellmethode zur Bewertung der Faserlänge von Fasergemischen für betriebliche Zwecke, Wbl. f. Papierfabr. 77 (1949) S. 160—64.

32 A. KLEIN, Natron-Kraftzellstoff und Spinnpapier, Kunststoffe 8 (1918) S. 169 bis 71, 183—85.

33 A. KOLLER, Die Zellstoff-„Kräuselung", Wbl. f. Papierfabr. 77 (1949) S. 315—16. Vgl. Hill und Mitarb. (26).

34 W. LANDSCHECK, Zellulongarn-Herstellung, Wbl. f. Papierfabr. 51 (1920) S. 1141. (Erwiderung auf Angaben von F. Frisch [19, S. 3251] betr. Spindelleistung beim Zellulonspinnen).

35 K. LEONHARDT, Pappenmaschine mit großem Rundsieb, Wbl. f. Papierfabr. 51 (1920) S. 439—41.

36 — —, Das Naßspinnverfahren, Wbl. f. Papierfabr. 53 (1922) S. 1514—17, 1707—10, 1899—1900, 2073—75, 2268—70, 2553—55, 2742—45.

37 — —, Rundsiebmaschinen, Wbl. f. Papierfabr. 78 (1950) S. 451—54.

38 — —, Aufschließungsverfahren für Altpapier, Wbl. f. Papierfabr. 79 (1951) S. 151—53.

39 R. LIPPMANN, Die Herstellung von Holzspinnfasern, Holz als Roh- und Werkstoff 1 (1938) S. 270—71 (C. 1938 II 1515).

40 R. MARPON, Kontrolle der Faserlänge von gemahlenem Stoff, Le Papier 47 (1944) S. 177. Ref. Papier 1 (1947) S. 227.

41 A. NOLL, Über die Temperaturabhängigkeit des Mahlverhaltens, Wbl. f. Papierfabr. 76 (1948) S. 51—52.

42 F. NORTH und H. SAMUELS, Neue Mahltechnik, Worlds Paper Trade Rev. 126 (1946) TS 85, 93 und 127 (1947) TS 1, 9. Ref. Papier 1 (1947) S. 157.

43 O. PENNENKAMP, Herstellung und Verarbeitung von Papiergarnen, Spinner u. Weber 58 (1940) (Nr. 30) S. 22—25.

44 — —, Anforderungen an Spinnpapiere, Neue dtsch. Papier-Zeitung 2 (1948) S. 666.

45 — —, Verarbeitung von Papier- und Zellstoffgarnen, Melliand Textilber. 30 (1949) S. 58—60.

46 — —, Über das rationelle Spinnen von Papiergarnen, Papier 3 (1949) S. 89—91.

47 C. PETERMANN, Überblick über die Papiergarnindustrie, Kunststoffe 8 (1918) S. 232—33.

48 E. PFUHL, Papierstoffgarne, Riga (G. Löffler) 1904.

49 E. O. RASSER, Spinnpapierbeschaffenheit und -Untersuchung, Kunststoffe 8 (1918) S. 145—47, 160—62.

50 — —, Ein neues Holz- und Fasergarn auf nassem Wege „Rotationsgarn", Kunststoffe 8 (1918) S. 281—82.

51 — —, Schimmel und Moder in der Papiergarnindustrie. Papierfabr. 16 (1918) S. 373—75, 393—94.

52 ——, Treibriemen aus Papiergarn, mit besonderer Berücksichtigung der Zerreißfestigkeit, Kraftübertragung und Endenbindung, Papierfabr. 16 (1918) S. 857—60.

53 — —, Aus der Geschichte der Papierspinnerei, Neue Faserstoffe 1 (1919) S. 119 bis 20 (C. 1919 IV 194—95).

54 G. Rohn, Papiergarn und seine Verarbeitung. Leipzig (Martins Textilverlag) 1918.

55 — —, Aus der Papiergarnspinnerei, Mschr. f. Textilind. 34 (1919) S. 33—34.

56 H. Rudolph, Zur Frage der Imprägnierung von Papiergarnen und Papiergeweben, Mschr. f. Textilind. 55 (1940) S. 305 und 56 (1941) S. 19—23, 43—45.

57 — —, Die Verarbeitung der Spinnpapiere zu Garnen und Geweben, Melliand Textilber. 22 (1941) S. 67—69.

58 J. E. Sapp und W. F. Gillespie, Einfluß des Trocknens bei der Papierfabrikation, Paper Trade J. 124 (1947) S. 120, 122, 124, 126. Ref. Papier 1 (1947) S. 70.

59 H. Schröter, Studie über Anwendung und Auswertung der Siebanalyse von Zellstoffen unter Einsatz eines neuen Gerätes, Wbl. f. Papierfabr. 80 (1952) S. 388—90, 392, 394, 559—63, 595—99, 631—33.

60 G. Schwarzenbach, W. Biedermann und F. Bangerter, Eine neue Methode zur Bestimmung der Wasserhärte, Helv. Chim. Acta 29 (1946) S. 811—18. Ref. Papier 1 (1947) S. 228.

61 O. Spohr, Welche Teile des Papierstreifens bilden die Garnoberfläche? Mschr. f. Textilind. 34 (1919) S. 95—96 (C. 1920 II 151).

62 B. Steenberg, Mahlvorgang studiert an Hand der Faserquellung, Svensk Papperstidn. 50 (Juni 1947; Hägglund-Festschrift) S. 155. Ref. Papier 1 (1947) S. 199.

63 K. Süvern, Über Papier- und Zellstoffgarne, Kunststoffe 4 (1914) S. 21—24, 44—47, 65—69, 108—10, 126—29, 168—71, 209—11, 247—50 und 5 (1915) S. 37—39, 65—68. (Ausführliche Patentübersicht.)

64 G. Thieme, Die Papiergarnspinnerei, Melliand Textilber. 32 (1951) S. 586—87.

65 R. Trenschel, Sulfitspinnpapier für Erntebindegarn. Überblick über die technologische Entwicklung und ihren Stand. Papier 1 (1947) S. 8—16.

66 H. Tröger, Über die Brauchbarkeit verschiedener im Handel befindlicher Weichmacher als Schneidwasserzusatz zum Spinnpapier für Erntebindegarn, Chem. Technik 3 (1951) S. 83—86.

67 M. Williams, Die Wirtschaftlichkeit der Kraftpapierfabrikation, Chem. Engng. News 22 (1944) S. 1458. Ref. Papier 3 (1949) S. 94.

68 (an.), Zellgarn, Wbl. f. Papierfabr. 49 (1918) S. 2447 (C. 1919 II 285; Langsieb-Verfahren Leinveber). Vgl. l. c. 51 (1920) S. 1209—11.

69 (an.), Die Verarbeitung von Papiergarnen, Mschr. f. Textilind. 55 (1940) S. 242 bis 44 und 273.

VERZEICHNIS DER ABBILDUNGEN UND TAFELN

Abb.		Seite
1	Holländerwalze mit Grundwerken und Kropf	23
2	Holländerbemesserung mit zwei Grundwerken	23
3	Schema des Arbeitsganges einer Zellulonfabrik	26
4a	Bildung feuchter Papierstoffstreifen	29
4b	Ablenkende Verteilung der Stoffstreifen	30
4c	Vorgarnmaschine System Issenmann	31
5	Schema der Entwässerung am Streifenzylinder	32
6	Gautschwalzenbezug	34
7	Streifenzylinder-Bezug	34
8	Zweizylinder-Streifenaufnahme	36
9	Dreiwalzenpresse und Doppelpresse der Vorgarnmaschine	38
10	Streifenabnahme von der Issenmann-Vorgarnmaschine mit Blockrollenabfuhr	39
11	Bandscheibenblock	40
12	Scheibenblock-Transport-Teller	40
13	Schema des Falzens und Kreuzspulens	41
14	Vorgarnmaschine System Türk mit großem Abnahmezylinder und vier Nitschelwerken	45
15	Nitschelwerke der Kammgarnspinnerei und der Türk-Vorgarnmaschine	47
16	Vorgarnmaschine System Türk mit verlängertem Obertuch und drei Nitschelwerken	48
17	Nitschelung bei Abnahme vom verlängerten Obertuch	48
18	Kreuzspule mit Kreuzspulaufrollung	49
19	Zylinderbespannung mit 3- und 6-mm-Deckstreifen	51
20	Nitschelwerk auf der Spinnmaschine mit ausschwenkbarer oberer Nitschelhose	54
21, 22, 23	Verschiedene ausrückbare Nitschelwerke	55
24	Spinnmaschine mit Nitschelwerk und einseitiger Blockauflage und Aufspinnung	56
25	Spinnmaschine mit Nitschelwerken und beiderseitiger Verspinnung	57
26	Zellulon-Anlage	59
27	Frisch- und Abwasserverteilung in einer modernen Zellulon-Anlage	60

Tafel		zwischen den Seiten
1	Vorgarnmaschinensaal	12/13
2	Kollergang, Einweichtrommel und Wurster	18/19
3	Holländersaal	22/23
4	Stoffzuführung zur Vorgarnmaschine	26/27
5	Vorgarnmaschine (Vorder- und Seitenansicht)	32/33
6	Vorgarnmaschine (Antriebseite)	36/37

VERZEICHNIS DER TABELLEN UND AUFSTELLUNGEN IM TEXT

Tabellen — Seite

I. Übersicht über die in Betrieb gewesenen Zellulonfabriken 12
II. Leistung einer Kreuzspulmaschine für gefalzte Bänder 42
III. Hülsenverbrauch an der Kreuzspul- und Falzmaschine 43
IV. Gegenüberstellung der Arbeitssysteme Türk und Issenmann 51
V. Leistung einer Streifen-Entwässerungs-Vorgarnmaschine 64
VI. Wassermengen, die den Streifenzylinder in der Stunde durchlaufen . . 64
VII. Leistung einer Tellerspinnmaschine 65
VIII. Garngewichte 67

Aufstellungen im Text

Festigkeits- und Dehnungswerte von Zellulongarnen 14
Unterschiede gefalzter und genitschelter Garne 44
Ausschuß und Faserverluste im Abwasser 68
Energiebedarf 69

SACHREGISTER

Abwasser 59/60
Arbeitskräfte 68, 21, 42
Ausfärbung 22
Ausschuß 66; 42, 50
Ausrückbarkeit der Nitschelwerke 54, 55
Austrocknungsgefahr 18, 50

Beheizung des Trockenzylinders 45, 52, 59
Bemesserung des Holländers 23
Bindfadenerzeugung 77
Bleichen 18
Bütten 25, 69

Deckstreifen 34, 51, 68, 72, 75
Doppelzylinder 35/36
Drellieren von Papiergarnen 58
Drehung 58, 65
Drehung der Spindel 65, 66

Energiebedarf 68
Entwässerung 27, 32, 64

Fabrikationswasser 59
Fadenführung beim Kreuzspulen 41
Falzen 40
Faserkrümmung 19
Faserlage 28, 58
Faserlänge 17, 21
Faserstoff-Auswahl 17
Faserverluste 66; 61
Frischwasser 60
Füllstoffe 22

Gautschwalzen 34

Holländerarbeit 21

Imprägnierung 22
ISSENMANN-Vorgarnmaschine 31, 50, 51, 58, 63

Kalkulationen 69
Kaolin 22
Knotenfang 26, 69
Kollergang 19
Kraftverbrauch 69
Kräuselung 19
Kreuzspulen nach Falzung 41, 42
nach Nitschelung 45, 46, 48

Lagerung 18, 50
Langsieb 29, 32
Leimung 22
Leistung der Vorgarnmaschinen 63
der Spinnmaschinen 64
Literatur-Verzeichnis 88

Mahlungsgradprüfung 21
Mischgarne 37, 57

Naßfilz 30, 34, 37, 49
Naßpressen 30, 38, 39, 49, 59
Nitscheln 44, 45, 48, 52, 53, 59

Obertuch 30, 31, 38, 39

Papierstreifengarne 9, 27, 58
Patentregister 79
Pressen 30, 38, 39, 49, 59
Pulper 19
Pumpen 26, 59, 60, 61

Rollenabnahme 39
Rundsieb 9, 10, 27, 28, 30, 32

Sandfang 26
Schleimbildung beim Mahlen 21, 27, 28
Spinnmaschinen 53, 56, 57, 64
Spritzrohre 60
Stoffmühlen 19, 26
Stoff-Regulierung 26
Stoff-Vorbereitung 18
Streifenbildung 10, 27
Streifenzylinder 32, 34

Trockengehalt der Bänder 27, 38, 39, 40, 45, 47, 49, 52
Trockenzylinder
ISSENMANN-Vorgarnmaschine 39, 52, 59
TÜRK-Vorgarnmaschine 45/46
TÜRK-Vorgarnmaschinen mit großem Trockenzylinder 45
mit verlängertem Obertuch 48

Verspinnen 53, 56, 57, 64
Vorgarnmaschinen 27, 29

Waschbarkeit 28
Wasserverbrauch 60
Wasserverteilung 59/60

Zellstoff-Auswahl 17
Zellstoff-Garne, Festigkeit und Dehnung 14
Zellulon-Gesellschaft 12
Zelluloseschleim 21, 27, 28

Bei Fragen zur Produktsicherheit wenden Sie sich bitte an:
If you have any questions regarding product safety,
please contact:

Walter de Gruyter GmbH
Genthiner Straße 13
10785 Berlin
productsafety@degruyterbrill.com